세상을 놀라게 한
미생물과 감염병 이야기

생명을 위협하고 건강을 지키는
아주 작은 동반자, 미생물의 세계

세상을 놀라게 한 미생물과 감염병 이야기

대표저자 **사마키 다케오** ★ **오시연** 옮김 ★ **여상인** 감수

북스힐

시작하며

나는 중국 우한시에서 발견된 신종 코로나바이러스 감염병 팬데믹(세계적 대유행)의 소용돌이 속에서 이 책을 쓰고 있다.

신종 코로나바이러스는 중증급성호흡기증후군(SARS), 중동호흡기증후군(MERS) 등 일반 감기를 일으키는 코로나바이러스(CoV)의 일종이다. 사스와 메르스도 바이러스가 발견되었을 당시에는 신종 코로나바이러스로 알려지면서 국제적으로 유행했지만, 일본에서 감염이 확산되진 않았다.

인류는 인플루엔자를 비롯해 지금까지 몇 차례에 걸쳐 감염병의 대유행을 겪어 왔다.

인간은 지난 일을 쉽게 망각하는 경향이 있다. 하지만 천재지변이나 팬데믹을 일으키는 감염병은 우리가 잊어버렸을 무렵에 다시 찾아온다. 이번 신종 코로나바이러스로 인한 팬데믹도 지난날의 경험을 잊고 평온하게 지내고 있을 때 전 세계를 덮쳤다. 제2, 제3의 신종 코로나바이러스가 앞으로 발생하지 않는다는 보장이 없다.

그런 이유에서 나는 감염병을 일으키는 미생물, 감염병과 인류의 관계에 대해 기초적인 수준부터 살펴보고 고등학교, 아니 중학교 과학 과목을 싫어했던 사람도 이해할 수 있도록 설명해 보자는 생각이 들었다. 만에 하나 닥칠 위기에 대비하려면 다소 시간이 걸리더라도 기본으로 돌아가 기초를 다지는 것이 가장 효과적이기 때문이다.

미생물의 존재를 처음으로 발견한 사람은 17세기의 네덜란드 과학자 레이우엔훅이다. 그는 현미경을 만들어 세상에는 세균과 곰팡이처럼 현미경으로밖에 볼 수 없는 생물이 무수히 존재한다는 사실을 발표했다.

그 후 19세기가 되자 보통 현미경으로는 보이지 않는 여과성 병원체(바이러스)가 담배모자이크병에 걸린 담뱃잎에서 발견되었다.

우리 인간의 역사를 돌아보면 인간은 긴 수렵시대를 거쳐 약 1만 년 전에 농경과 목축을 시작했다. 그러자 가축에게서 옮은 감염병이 확산되었다. 고대 이집트만 해도 제18왕조 시대의 비석을 보면 한쪽 다리가 위축되고 마비되어 지팡이를 짚은 사람이 등장하는데, 증상으로 보아 소아마비에 걸린 것으로 추측된다. 그 외에도 기원전 1157년에 사망한 람세스 5세 미라의 피부에서는 천연두로 인한 오돌토돌한 자국이 발견되었다.

18세기에 들어와서도 원인을 알 수 없는 감염병으로 많은 이가 목숨을 잃었다. 사람들은 오염된 공기나 물에서 나온 독기, 또는 악령이 병을 일으킨다고 여겼다. 그래서 악령을 쫓는 퇴마의식이나 마녀사냥을 하기도 했다. 19세기가 되어서야 인간은 감염병을 일으키는 미생물이라는 존재를 발견할 수 있었다.

사실 모든 미생물과 바이러스가 인간을 병들게 하는 것은 아니다. 오히려 대부분은 해가 없다. 하지만 우리는 미생물을 두렵고 혐오스러운 존재로 인식해 왔다. 미생물에 대해 아는 바가 거의 없기 때문이다.

학교 수업에서도 미생물에 관해서는 간단히 짚고 넘어가기 바쁘다. 예를 들어 중학교 과학 시간에는 다음과 같은 내용을 배운다.

- 생태계는 생산자, 소비자, 분해자로 구성된다.
  광합성을 통해 유기물을 만드는 식물 등이 생산자, 초식 또는 육식동물은 소비자, 지렁이와 같은 토양동물과 미생물(균류, 세균류)은 생물의 사체 등의 유기물을 분해하는 분해자다.
- 유산균과 대장균 등 일부 세균은 결핵균과 같이 감염병을 유발한다.
- 인간에게 유용한 기능을 하는 미생물도 많다. 예를 들어 빵이나 요구르트와 같은 음식은 미생물이 유기물을 분해하는 기능을 이용해 만든다.

그러나 미생물의 세상은 우리가 아는 것보다 더욱 넓고 경이롭다. 미생물은 지구 생태계에서 인간이 살아갈 때 매우 중요한 역할을 한다. 그들은 우리의 적이자 친구다.

누군가 '인간이란 무엇인가?'라고 묻는다면 뭐라고 대답하면 좋을까? 우리 몸에 인간을 구성하는 세포보다 몇 배 더 많은 상재균이 있다는 점을 고려하면 '인간은 미생물이다!'라고 대답할 수도 있지 않을까?

이 책은 전반적으로 중학생도 이해할 수 있을 정도로 쉽게 쓰였다. 나는 미생물과 감염병에 관해 학교 과학 교과서보다 구체적인 이미지를 가질 수 있도록 과학적이면서도 최대한 풀어서 쓰고 싶었다. 이런 노력이 조금이라도 성공한다면 더할 나위 없이 기쁘겠다.

마지막으로 이 책을 편집하는 데 애써 주신 쇼덴샤의 누마구치 히로미 씨와 편집자인 와타야 쇼 씨에게 감사의 말씀을 전한다.

2020년 6월

편저자 사마키 다케오

차 례

2장 이렇게 많다! 인류가 싸워 온 감염병의 역사

3장 생활에 도움이 되는 미생물

4장 세상에는 미생물이 넘쳐난다

1

감염병을 유발하는 미생물의 불가사의한 구조

01

그런데 감염병이 뭐지?

감염병은 '옮는' 병이다

감염병은 바이러스, 세균 같은 병원체가 인체에 침입한 뒤 증식함에 따라 발열이나 설사, 기침 등의 증상이 나타나는 병을 말한다. 다만 몸에 병원체가 들어왔다고 해서 무조건 감염되었다고 판단하지는 않는다. 인체에 침입한 병원체의 수가 증가하고 어떤 불쾌한 증상이 나타나야 비로소 '감염병에 걸렸다'고 할 수 있다.

감염병에는 사람이 사람에게 옮는 병과 파상풍처럼 사람이 아니라 상처를 통해 감염되는 비전염성인 병이 있는데, 대략 다음과 같이 구분된다.

❙ 감염 경로로 구분한다

A. 사람과 사람 간의 감염

① 접촉감염

② 비말감염(기침, 재채기로 인해 공기 중에 떠다니는 병원체를 흡입

하여 감염됨)

B. 동물, 음식물을 통해 사람에게 감염

① 흙 등에 존재하다가 상처 부위에 묻어서 감염됨

② 찔리거나 물려서 감염됨

③ 음식물을 통해 감염됨

병원체로 구분한다

A. 바이러스가 원인

천연두 · 스페인독감과 아시아독감 등의 인플루엔자 · 에이즈 · 신종 코로나바이러스로 인한 폐렴 · 일본뇌염 등

B. 세균이나 곰팡이가 원인

페스트 · 이질 · 장티푸스 · 디프테리아 등

C. 기생충 또는 원충이 원인

말라리아 · 사상충(필라리아) 등

D. 그 밖의 원인

쯔쯔가무시병[1] · 발진티푸스[2] 등

---

1) 풀이나 설치류에 기생하는 털진드기의 유충에 물려 발생하는 전염병. 발열, 두통, 피부발진 등의 증상이 나타난다.

고대부터 이어진 감염병의 역사

인류의 역사는 끊임없는 감염병의 역사라고 해도 과언이 아니다. 13세기 한센병, 14세기 페스트, 16세기 매독, 17세기 인플루엔자, 18세기 천연두, 19세기 콜레라와 결핵 등 일일이 나열하기 힘들 정도로 많다.

그중에서도 14세기에 유행한 페스트는 당시 유럽 인구의 30%에 이르는 사람들을 죽음으로 내몰았다. 페스트는 유럽이라는 세상을 꼼짝 못 하게 마비시켰다. 이 병에 걸리면 내출혈로 피부가 까맣게 변한다고 해서 흑사병이라고도 불리며 공포의 대상이 되었다.

20세기에 들어서자 유럽을 중심으로 인플루엔자 같은 유행병이 창궐했고 그 후로도 세계 각지에서 에볼라 출혈열[3], 에이즈, 장출혈성대장균 감염증[4] 등 이른바 '신종 감염병[5]'이 발생해 사람의 이동과 함께 전 세계로 확산되었다.

또한 21세기에는 사스(SARS, 중증급성호흡기증후군)와 신종 코로나바이러스(코로나19)로 인한 폐렴과 같은 신종 감염병이 대유행하면서 지금도 전 세계 사람들을 위협하고 있다.

신종 감염병의 경우 바이러스를 병원체로 한 감염이 증가했다. 또 결핵과

---

2) 발진티푸스 리케차에 감염되어 발생하는 급성 열성 질환으로 이(虱)에 의해 전염된다. 발병 시 오한과 함께 40도 이내의 고열이 계속되며, 온몸에 붉고 작은 발진이 생긴다.

3) 에볼라바이러스에 의한 감염병으로 고열과 내부 장기를 포함한 전신에 출혈이 발생해서 붙여졌다. 1976년 콩고민주공화국에서 처음 발견되었으며 치사율이 60~90%에 이른다.

4) 장출혈성대장균에 감염되어 출혈성 장염을 일으키는 질환으로 극심한 복통, 설사, 혈변 등을 유발한다.

5) 1970년대 이후에 새롭게 인식된 감염병 또는 급속히 감염이 확대되고 있는 감염병을 말한다.

말라리아 등 과거 인류를 위협했던 감염병도 다시 유행 조짐을 보이고 있다.

팬데믹에 의한 사망자 수 순위

2020년 3월 11일, 세계보건기구(WHO)는 신종 코로나바이러스 감염 확산을 '팬데믹(pandemic)으로 지정할 수 있다'고 선언했다. 팬데믹이란 감염병(전염병)의 세계적 대유행을 가리키는 말이다. 테드로스 WHO 사무총장은 기자회견에서 이렇게 발표했다.

"최근 2주 동안 중국 외 지역의 코로나19 확진자 수는 13배 늘어났고, 확진자가 발견된 나라도 3배가량 증가해 4,291명이 목숨을 잃었다. 이 숫자는 앞으로 몇 주 안에 훨씬 더 증가할 것으로 예상한다. 따라서 신종 코로나바이러스를 팬데믹으로 지정할 수 있다고 판단했다."

그 후 WHO의 우려는 현실이 되었다. 미국 존스홉킨스대학 시스템과학공학센터의 집계에 따르면 2020년 6월 23일 기준, 전 세계 신종 코로나바이러스의 확진자 수는 900만 명을 돌파했고 사망자 수는 47만 명을 넘어섰다. 일본의 사망자 수는 2020년 6월 23일 기준, 978명으로 다른 나라보다는 적은 편이지만 전 세계적으로 여전히 마음을 놓을 수 없는 심각한 상황이 계속되고 있다.

지금까지 인류를 공포에 떨게 했던 팬데믹을 사망자 수가 많은 순으로 9위까지 나열하면 다음과 같다.(괄호 안 숫자는 사망자 수)

1위 페스트(2억 명/1347~1351년)

2위 천연두(5,600만 명/1520년)

3위 스페인독감(4,000만~5,000만 명/1918~1919년)

4위 페스트(동로마제국에서 유행. 3,000만~5,000만 명/541~542년)

5위 에이즈(2,000만 명 이상/1981~2000년)

6위 페스트(19세기 중국과 인도에서 유행. 1,200만 명/1855년)

7위 페스트(로마제국의 역병. 500만 명/165~180년)

8위 페스트(17세기의 대역병. 300만 명/1600년)

9위 아시아독감(110만 명/1957~1958년)

…

14위 신종 코로나바이러스(47만 2,539명/2020년 6월 23일 현재)

아주 오래전부터 인류는 다양한 감염병에 위협받아 왔다. 원인을 알 수 없고 치료법도 확립되지 않은 시대에는 팬데믹이 종종 세계 역사를 뒤바꿀 정도로 크게 영향을 미쳤다. 19세기 후반이 되어서야 사람들은 감염병을 유발하는 병원체의 정체와 대처 방법을 알게 되었다. 그 후 감염병으로 인한 사망자 수는 확연히 감소했다.

하지만 1970년경부터 지금까지 알려지지 않았던 새로운 감염병인 '신종 감염병'과 과거에 유행한 감염병 중에서 한때는 발생 수가 감소했다가 다시 나타난 '재흥 감염병'이 문제로 떠올랐다.

감염병은 세상을 아주 쉽게 바꿀 힘을 갖고 있다. 우리가 이 세상에서 안심하고 살려면 일단 감염병이 무엇인지 알고 있어야 한다. 이 장에서는 먼저 의외로 알려지지 않은 감염병에 대해 다루어 보고자 한다.

2020년 6월 현재, 전 세계 사람들을 두려움에 떨게 하는 신종 코로나바이러스 확산세가 하루빨리 수그러들기를 간절히 바란다.

02

백신 때문에 많은 질병을 극복했다고?

현대사회의 다양한 백신

다른 나라와 마찬가지로 일본에도 질병의 역사를 반영하는 풍습이 꽤 많다. 생후 30일 전후에 신사 참배를 하는 것은 신생아 조기 사망이 많았던 시절에 생겼으며, 시치고산(七五三)[6]도 감염병으로 많은 아이를 잃었던 시대에 무사히 성장한 것을 축하하는 의미에서 비롯되었다고 한다.

아기가 태어나면 생후 2개월쯤부터 예방접종법에 규정된 정기접종을 하게 된다. Hib(b형 헤모필루스 인플루엔자), 폐렴구균(13가 결합형), B형 간염, DPT-IPV(디프테리아, 백일해, 파상풍, 비활성 소아마비) 등이다. 돌이 지나면 MR(풍진, 홍역), 수두, 일본뇌염 등도 접종한다.

이 중 생소한 질병도 있을 텐데 정말로 이렇게 예방접종을 많이 해야

---

6) 남자아이가 3세 · 5세, 여자아이가 3세 · 7세 되는 해의 11월 15일에 아이의 무사한 성장을 신사 등에서 감사하고 축하하는 행사.

하는지, 부작용은 없는지 궁금한 사람도 있을 것이다.

인류가 성공적으로 퇴치한 천연두

천연두는 인간의 생명을 앗아간 질병 중 하나다. 두창이라고도 불리며 역사 속의 여러 인물이 이 병의 영향을 받았다. 천연두는 8세기 일본 최고의 귀족이었던 후지와라 가문을 비롯한 많은 귀족의 목숨과 16세기 영주 다테 마사무네의 시력을 앗아갔다.

여러분은 예방접종의 기원인 에드워드 제너(Edward Jenner, 1749~1823년)의 종두 이야기를 들어 봤을 것이다. '소에게 생기는 질병인 우두를 앓은 사람은 천연두에 걸리지 않는다'는 이야기에 근거해 하인의 아들을 일부러 우두에 감염시켜 천연두 백신을 개발한 최초의 인물이다.

백신(vaccine)이라는 용어는 우두의 학명 'Variolae vaccinae(소의 천연두)의 뒷부분인 vaccinae(소)'에서 유래했다.

종두 보급과 감염자 파악 등 보건행정의 발달로 인해 1980년 WHO는 천연두 근절을 선언했다. 인류가 성공적으로 퇴치하고 세상이 바뀌었다고 할 수 있는 몇 안 되는 질병 중 하나다.

생백신과 불활성화 백신의 차이점

제너의 종두법에서 사용한 우두농(고름)은 독성이 낮은 살아 있는 바이러스다. 이러한 백신을 '생백신'이라고 부른다. 증식 능력을 가진 병원체(바이러스 · 세균)를 배양해 병원성이 낮은 것을 선별해서 사용한다.

감염과 같은 상태를 만들기 때문에 강한 면역력을 갖게 되지만 다른 한편으로는 부작용이 생길 우려도 있다. 일본에서 한때 사용되던 소아마비 생백신은 인체에 투약된 후 체내에서 병원성을 강화해 소아마비를 발생시키기도 했다.

이런 부작용을 제거하기 위해 불활성화백신(일명 사백신, inactivated vaccine)이 개발되었다. 병원체를 페놀이나 포르말린 등의 약품으로 처리해 면역성을 지니게 하되 병원성은 없는 상태로 만든 것이다. 처리 후 병원체의 일부를 추출해 사용할 수도 있다.

독감이나 폐렴구균(다당체 추출) 등의 백신이 이에 해당한다. 파상풍과 디프테리아 백신은 병원체 자체가 아니라 병원체가 만드는 독소를 불활성화한 것을 백신으로 사용해 독소에 대한 면역력을 만들도록 고안되었다.

새로운 백신의 등장과 개발에 따른 과제

면역체계 연구와 분자생물학의 발전에 힘입어 인간은 더 뛰어난 백신을 개발했다.

B형 간염 백신은 유전자변형 기술을 이용해 면역의 타깃이 되는 부분만을 생산해 백신으로 만든다. 이것을 유전자변형 하위 단위 백신이라고

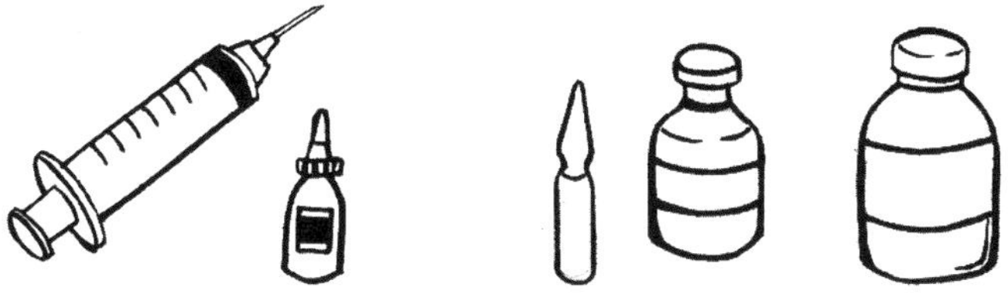

한다. 아기에게 사용하는 뇌수막염(Hib) 백신은 세균이 가진 다당체라는 부분을 가공한 백신으로 유아들이 면역력을 쉽게 얻을 수 있도록 단백질을 결합시켰다.

백신은 건강한 사람에게 접종하기 때문에 부작용이 적고 안전성이 높아야 한다. 안전성과 효과를 확인하기 위해 임상시험을 실시하며, 약물을 투여한 집단과 위약(플라세보)을 투여한 집단을 비교해 그 효과를 확인해야 한다.

새로운 질병에 대한 백신을 개발하려면 그 질병이 유행하는 곳에서, 아직 질병에 감염되지 않은 사람들을 대상으로 임상시험을 해야 한다. 그러나 이렇게 하기란 사실상 어렵기 때문에 새로운 백신을 개발하는 것 또한 쉽지 않다.

사회 전체를 보호하는 백신의 역할

백신은 개인의 질병을 예방하는 동시에 병에 걸리는 사람 수를 줄여 전염병을 예방한다. 어떤 질병이 크게 확산해 면역력을 가진 사람이 증가하고, 그 비율이 20% 안팎에 이르면 유행이 멈춘다고 한다. 그러나 면역력을 가진 사람이 20%가 되기를 기다리며 손 놓고 있다가는 병에 걸린 사람들이 중증화되거나 사망해 많은 희생자가 발생할 수 있다.

백신은 병에 걸리지 않고도 면역력을 얻는 사람을 늘림으로써 감염을 예방하고, 감염된 경우에도 발병이나 중증화를 억제할 수 있다. 주위에 질병을 옮기는 사람을 줄여 사회 전체를 질병으로부터 보호하는 것이다.

현재 정기접종이 의무화되어 있는 백신 중에는 실제로는 좀처럼 유행하지 않는 병도 있다. 그러나 정기접종을 하지 않는 해외에서는 아직도 이러한 질병으로 영유아들을 비롯한 수많은 생명이 사라지고 있다는 점을 기억하자.

백신이 있지만 줄어들지 않는 병

일본에서는 풍진과 홍역이 종종 발생하는데 둘 다 이미 백신이 개발된 병이다. 임산부가 풍진에 걸리면 아기가 선천성 풍진증후군이라는 병에 걸릴 가능성이 있다. 이것은 편향된 국가 정책으로 인해 현재 40~50대 남성의 접종률이 낮아 유행을 막지 못하고 있기 때문이다. 추가접종을 할 수 있으므로 특히 임신을 원하는 여성과 배우자는 적극적으로 풍진 예방주사를 맞도록 하자.

또한 자궁경부암 예방 백신도 부작용에 대한 보도가 부각되면서 적극적으로 접종하지 않는 상태다. 그 영향으로 향후 수만 명이 자궁경부암에 걸릴 가능성이 있다고 예측된다. 따라서 적극적으로 접종을 재개하고 미접종 세대와 남성까지 무료 접종 대상자에 포함하는 정책을 펼칠 필요성이 제기된다.[7)]

7) 한국의 경우 만 12세에 해당하는 여성 청소년은 국가예방접종사업으로 자궁경부암 예방접종을 2회까지 지원하고 있다.

03

항생제 덕분에 인류는 감염병을 이길 수 있게 되었다?

실수를 기회로 인류 최초의 항생제를 발견하다

'실패는 성공의 어머니'라는 말이 있다. 페니실린을 발견한 영국의 세균학자 알렉산더 플레밍(Alexander Fleming, 1881~1955년)은 이 말을 그대로 증명한 사람이다.

그는 제1차 세계대전 당시 의사로 복무하면서 전쟁으로 부상당한 병사가 연이어 감염병으로 쓰러지는 것을 목격한 뒤 감염병을 통제하기 위한 약물 연구에 전념했다. 하지만 플레밍은 평소 정리정돈을 철저히 하는 성품은 아니었던 모양이다. 그의 연구실은 매우 어수선하고 연구 환경도 청결하다고 할 수 없었다.

세균을 배양할 때는 다른 균이 섞이지 않도록 주의해야 하므로 무균실이나 멸균된 기자재를 사용하고, 조작 중에는 비말이 튀지 않도록 마스크를 끼며 잡담을 삼간다. 그러나 플레밍은 세균이 있는 페트리 접시에 재채기를 하고 말았다. 며칠 후 그는 재채기로 비말이 튄 곳에만 세균이 감소했음을 알게 된다. 타액 속의 어떤 성분이 세균을 줄인 것이다.

1919년 플레밍은 그 성분이 라이소자임(lysozyme)이라는 사실을 알아냈다. 라이소자임은 효소의 일종으로 타액 외에 사람의 눈물, 콧물, 모유에 분포하는 천연 항균물질이다. 세균의 세포벽을 녹이는 작용을 하며 지금도 감기약으로 널리 처방된다.

그로부터 거의 10년 뒤인 1928년, 플레밍은 포도상구균을 배양하다가 부주의로 인해 배지에 푸른곰팡이가 생기게 했다. 그 배지를 관찰한 플레밍은 곰팡이 주위의 포도상구균이 녹아 있는 것을 발견했다. 푸른곰팡이즙에 포함된 물질은 푸른곰팡이의 속명 페니실륨(Penicillium)을 따서 '페니실린'이라는 이름이 붙었다. 이것이 인류 역사상 최초의 항생제다.

인기 드라마에 등장했지만 실은 어려운 페니실린 추출법

일본에서 TV 드라마로도 방영되었던 <타임슬립 닥터 진(JIN)>이라는 만화를 보면 과거로 시간여행을 한 의사가 페니실린을 추출해 맹활약을 한다. 그런데 사실 페니실린 추출은 대단히 어려운 작업이었다. 플레밍 본인도 페니실린을 정제하는 것까지는 성공하지 못했으므로 그의 발견은 10년 이상 방치되었다.

1940년에야 하워드 플로리(Howard Florey)와 언스트 체인(Ernst Boris Chain)이 정제법을 발견(페니실린의 재발견이라고 불린다)할 수 있었다. 이후 대량생산된 페니실린은 제2차 세계대전에서 수많은 병사의 목숨을 구했다.

설파제가 영국 총리 처칠의 목숨을 구하다

이처럼 항생제는 생물에서 발견되었다. 그런데 인간이 합성한 물질에도 항균 작용이 있다는 사실이 밝혀졌다. 이런 물질을 항생제와 구별해 항균제라고 부르기도 한다. 대표적인 예가 설파제(sulfa drug)다.

<라이언 일병 구하기>를 비롯해 제2차 세계대전을 그린 전쟁영화를 보면 위생병이 다친 병사의 상처에 가루를 마구 뿌리는 장면이 나오는데, 이것이 바로 설파제다. <닥터 스톤>(원작: 이나가키 리이치로(稲垣理一郎), 작화: Boichi, 슈에이샤)이라는 만화를 본 사람이라면 주인공이 합성했던 약이라고 하면 이해가 될 것이다.

설파제는 엽산이라는 아미노산과 결합해 세균이 엽산을 만드는 것을 방해함으로써 세균 증식을 막는다. 비교적 쉽게 합성할 수 있고 효능도 뛰어나서 많은 이의 생명을 구했다. 영국 총리 처칠도 설파제로 목숨을 구한 사람이다. 제2차 세계대전 중 폐렴에 걸린 처칠은 설파제 덕분에 살아났다. 설파제가 없었다면 세계대전은 다른 결과를 맞이해 전통을 자랑하는 지금의 영국은 존재하지 않았을지도 모른다.

현재 우리는 다양한 항생제를 사용한다. 페니실린 이후 개발된 세파계(cephalosporin) 약품은 내성균의 출현과 대상 병원체의 변화에 따라 1세대에서 4세대까지 개발되었다.

2050년에는 암 사망자를 추월한다고?

그런데 최근 몇 년간 병원에서 항생제를 처방하는 횟수가 줄어든 것을 알아차렸는가? 일본 후생노동성의 자료에 따르면, 2013년 약제 내성균으로 사망한 사람은 적게 잡아도 전 세계에서 70만 명에 이른다고 한다. 별다른 대책 없이 내성균이 증가하면 2050년에는 사망자가 1,000만 명을 돌파해 암 사망자 수를 넘어설 가능성마저 있다.

내성균 증가를 방치하면 미래에는 외과수술을 할 수 없게 되어 의료계 자체가 붕괴될 위험이 있다고 한다. 따라서 바이러스성 감기에 예방적으로 항균제를 처방하거나 진단 없이 여러 가지 세균에 효과가 있는 항균제를 막연히 처방하는 횟수를 줄여 약제 내성균이 발생하는 사례를 억제하도록 노력하고 있다.

항균제는 매우 편리하고 효과적이므로 환자는 항균제를 처방받으면 병이 곧 나을 것이라고 기대한다. 그러나 과도한 처방을 피하고 위생관리를 통해 감염병 발생 횟수를 줄이는 것이야말로 미래 세대를 지키는 길이다.

그러므로 당장 편리한 약과 의료기관에만 의존하기보다는 우리가 할 수 있는 일을 찾아서 실천하는 것이 무엇보다 중요하다.

04

우리가 감기에 걸리는 이유

여러 증상이 동반되는 감기증후군

'감기를 치료하는 약을 발명하는 사람은 노벨상을 받을 것'이라는 말을 들어 본 적 있는가? 우리에게 가장 익숙한 질병인 '감기'는 정확히 말해서 감기증후군이라고 한다. '인플루엔자'는 원인을 알고 있는 '병명'인데, 증후군은 또 뭘까.

증후군은 여러 가지 증상이 함께 나타나는 상태를 말한다. 코막힘이나 콧물, 인후통과 염증, 기침, 재채기나 발열과 같은 증상이 혼재되어 나타나는 것이 감기증후군이다. 병원에서는 상태에 따라 '보통 감기', '인플루엔자 감기', '인두염', '기관지염', '위장염' 등으로 진단된다.

감기의 80~90%는 다양한 바이러스로 인해 발생한다.

우리는 감기에 걸리면 이번에도 감기에 걸렸다고 생각하지만, 감기증후군을 일으키는 바이러스나 세균은 그때마다 다를 수 있다는 말이다.

감기 증상이 나타나는 이유

바이러스나 세균에 감염되면 우리 몸은 다양한 반응을 일으킨다. 코와 목의 점막이 감염되면 점액이 활발하게 분비되어 균을 배출하고 콧물, 재채기, 기침, 가래 등의 증상이 나타난다. 코막힘은 점막에 염증이 생기고 부어올라서 공기가 통하지 않는 상태다. 그리고 체내에 들어간 병원체를 억제하기 위해 백혈구나 T세포와 같은 림프구가 증식해 병원체가 체내에 들어오지 못하게 막고 여러 항체를 생성해 병원체를 내쫓는다. 이것이 감기 증상의 정체다.

발열과 같은 감기 증상은 몸이 병원체와 싸우고 있다는 신호다. 몸의 주인은 그 징후를 나른함이나 통증으로 느끼며 활동을 줄여 체력을 유지하고 회복하기 위해 노력한다. 식욕 감퇴도 약해진 위장에 손상을 주지 않기 위해서라고 한다.

감기약을 먹고 출근하는 것은 잘못된 행동

검사를 통해 병의 원인을 알아내면 병원체의 증식을 억제하기 위해 항생제나 항바이러스제가 처방되기도 한다. 그러면 약국에서 파는 종합감기약은 어떤 약일까?

이것은 대증요법, 즉 증상을 억제하는 약으로 해열진통제, 소염제 등을 배합한 것이다. 다시 말해 병의 증상을 억제할 뿐 병을 근본적으로 치료하는 것은 아니므로 몸 상태가 호전되었다고 해서 병원체나 바이러스가 줄어든 것은 아니다.

이 상태에서 바깥 활동을 하면 다른 사람에게 병을 전염시킬 수 있으므로 감기약을 먹고 출근하는 것은 잘못된 행동이다. 병원체를 특정했고, 치료하지 않아도 될 만큼 가벼운 증상이라면 다른 사람을 감염시키지 않도록 제대로 휴식을 취하고 병이 완전히 낫기를 기다리는 것이 바람직하다.

그런데 검사 결과가 꼭 완벽한 것은 아니다. 사실은 독감인데 검사상으로는 음성이거나(위음성) 독감이 아닌데 양성으로(위양성) 나오기도 한다. 등교와 출근 여부를 검사로 결정하는 경향이 있지만, 검사의 이러한 특성을 고려할 때 경증이라면 의사의 진단을 받지 않고 집에서 쉬거나 검사를 하지 않고 진단만으로 감염되었다고 간주해 의료자원을 낭비하지 않는 방향으로 변화해야 한다는 목소리도 있다.

변이와 재감염

우리가 감기에 자주 걸리는 또 다른 이유는 감기를 유발하는 바이러스가 빠르게 변이되기 때문이다. 면역체계는 단백질과 당사슬의 구조에 맞추어 형성되므로 이것이 변하면 바이러스에 제대로 대처하지 못하고 감염된다.

그러나 다른 경우도 있다는 것이 밝혀졌다. 병원체와 싸운 면역세포는 다음에 같은 병원체가 침입할 것에 대비하며 우리 몸에서 잠들어 있다. 이것을 획득면역의 장기기억이라고 한다. 그런데 신종 코로나바이러스 감염 연구가 진행되면서 코로나에 확진되었다가 회복한 뒤에도 항체가 충분히 생성되지 않아 획득면역의 장기기억이 이루어지지 않는 경우가 있다는 것이 밝혀졌다. 몇몇 바이러스는 면역세포를 감염시켜 면역의 기억 작용을 방해하는 것으로 보인다. 그러면 불행히도 같은 바이러스에 여러 번 감염될 수 있다.

이 밖에 생각보다 더 많은 무증상 감염자가 있다는 사실도 알게 되었다. 따라서 증상이 있는 사람을 억제하는 것만으로는 부족하기 때문에 충분한 검사를 하거나 증상이 없는 사람도 일단 감염자로 간주하는 등 사회가 질병을 대하는 자세와 질병 퇴치 방식이 크게 달라지기 시작했다.

05

감염병과 싸우는 면역의 메커니즘

무수한 병원체로부터 우리 몸을 지키는 면역체계

인체는 병원체의 침입과 증식을 막는 메커니즘을 갖고 있다. 이것을 면역체계라고 한다. 면역은 '역(疫)', 즉 질병·전염병·감염병을 '면(免)할 수 있다(위험을 피할 수 있다)'는 의미다. 사람이 쉽게 병에 걸리지 않는 것은 인체에 침입하는 세균이나 바이러스와 같은 병원체를 제거하는 메커니즘(면역체계)을 갖고 있기 때문이다.

면역체계에는 우리가 태어나면서 지닌 원시 메커니즘인 '자연면역'과 출생 후 다양한 병원체를 접하면서 얻은 '획득면역'이 있다. 면역력은 사람마다 차이가 있으므로 같은 환경에서도 병에 걸리는 사람과 병에 걸리지 않는 사람이 생긴다.

우리 몸의 1차 방어선, 자연면역

우리 몸의 표면에는 피부라는 장벽이 있다. 피부는 성의 돌담처럼 외부의 침입을 막아 주고 피부의 가장 바깥쪽에 있는 표피는 약산성으로 유지되어 미생물이 달라붙어도 쉽게 증식하지 못하게 한다.

또 코와 목, 소화기관과 같은 신체 내부에도 점막이라는 장벽이 있다. 점막 표면은 많은 항균 단백질을 함유한 점액을 분비하는데 이것은 오염물질을 씻어내는 데 사용된다.

하지만 어떤 병원체는 혈액과 체내 조직까지 침입한다. 병원체가 침투하면 국소적 염증이 생긴다. 이 염증 부위에 가장 먼저 달려가는 것이 백혈구의 일종인 호중구다. 평소 호중구는 혈액의 흐름을 타고 온몸을 순찰하다가 비상사태가 발생하면 침입 부위에 속속 모여든다. 좀 늦게 달려오는 것이 대식세포다. 대식세포도 백혈구의 일종이다.

호중구와 대식세포는 모두 식세포라고 불리며, 세균이나 바이러스와 같은 병원체를 닥치는 대로 물어뜯어 삼킨다. 식세포와 병원체 중 누가 이기는지는 단순히 각 그룹의 수와 힘으로 결정된다. 전투 후에는 두 그룹의 사체인 고름이 남는다.

이 싸움에서 식세포가 승리하면 문제가 해결되지만 일이 항상 그렇게 쉽게 풀리지는 않는다. 침입한 병원체가 더 강력하거나 식세포의 수가 적으면 병원체는 기세를 더해 증식하기 시작한다.

상대를 특정해 공격하는 2차 방어선, 획득면역

그다음에는 수지상세포(DC, dendritic cell)와 림프구인 B세포 · T세포가 활약한다. 수지상세포는 나뭇가지처럼 뻗어 있는 아메바 모양의 세포라 하여 이런 명칭으로 불리는데, 병원체를 받아 림프절까지 이동시켜 T세포에 병원체에 대한 정보를 전달한다.

T세포는 기능에 따라서 도움 T세포(helper T cell), 킬러 T세포(killer T cell), 조절 T세포(regulatory T cell) 등 여러 하위 종류로 나뉜다. 면역 사령관이라고도 불리는 도움 T세포는 수지상세포와 대식세포로부터 병원체 정보를 받은 후, B세포에 항체를 만들고 킬러 T세포에 적을 죽이라는 지시를 내린다. 항체는 병원체의 작용을 억제하는 물질이다.

한편 킬러 T세포는 병원체에 감염된 세포를 발견해 차례대로 죽인다. 이렇게 병원체를 죽이면 조절 T세포가 '공격을 종료하라'고 지시한다. 조절 T세포는 정상 세포에 과도한 공격을 가하지 않도록 킬러 T세포의 작용을 억제하거나 면역반응을 멈추게 한다. 마지막으로 T세포나 B세포가 병원체를 기억해 다음 공격에 대비한다.

한 번 체내에 침입해 나쁜 짓을 저지른 병원체를 기억해 두기 때문에 두 번째 침입했을 때는 B세포가 신속하게 대량으로 항체를 만들 수 있다. 또 T세포들도 빠르게 공격을 시작할 수 있다. 한 번 걸린 병에 좀처럼 다시 걸리지 않는 것은 이 때문이다.

자연면역과 획득면역의 메커니즘

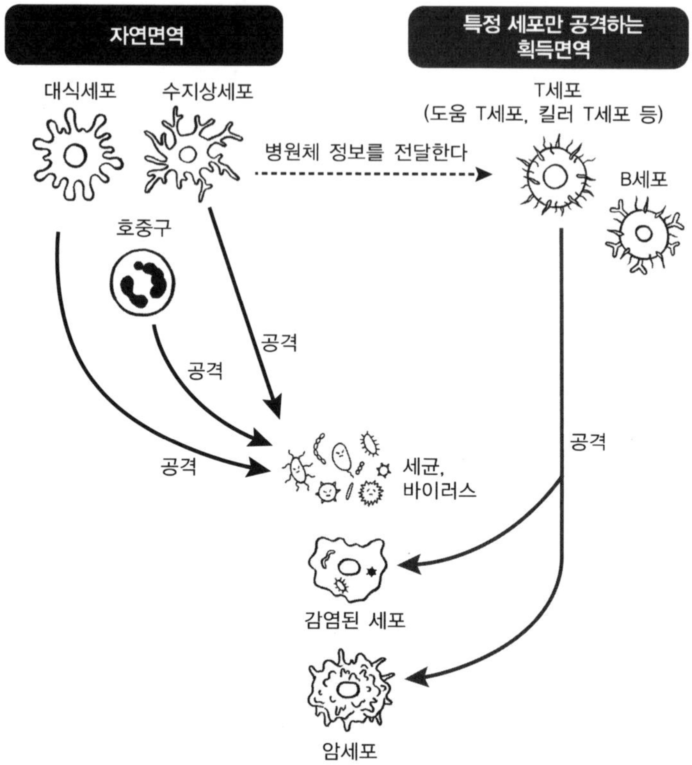

자연면역
우리가 갖고 태어난 면역체계의 메커니즘. 백혈구의 일종인 호중구, 대식세포, 수지상세포 등이 체내에 침입한 병원체(세균 또는 바이러스)를 무차별적으로 공격해 사멸시킨다.

획득면역
출생 후 다양한 병원체를 접하면서 획득한 면역체계의 메커니즘. 림프구의 일종인 T세포와 B세포가 상대를 특정해 공격한다.

자신의 몸을 공격하는 자가면역 질환

T세포는 혈액세포의 일종이므로 다른 혈액세포와 마찬가지로 골수에 있는 조혈간세포에서 생성되는데, T세포의 근원인 세포가 흉선(가슴샘)[8]이라는 심장 윗부분에 있는 장기로 이동해 T세포가 된다.

병원체를 공격하는 것은 괜찮지만 자기 몸의 세포를 공격하면 문제가 생기기 때문에 흉선에서 공격 대상을 선별한다. 이 선별이 제대로 되지 않으면 자가면역 질환이 생길 수 있다. 자가면역 질환은 류머티즘성 관절염, 중증근무력증, 전신홍반루푸스 등 다양하다. 면역체계는 우리 몸을 보호하는 중요한 메커니즘이지만 폭주해 통제할 수 없게 되면 우리 몸에 해를 가할 수도 있다.

---

8) 가슴뼈 뒤, 심장과 대동맥 앞에 위치하는 나비 모양의 림프기관으로, 이곳에서 T세포가 생성된다.

06

고령일수록 치명적인 감염병 - 폐렴

가스 교환이 일어나는 두 개의 공기 주머니

폐렴은 일본인의 사망 원인 중 5위를 차지한다(2018년 기준). 사망 원인 상위 다섯 가지는 위에서부터 차례로 암, 심질환, 노쇠, 뇌혈관질환, 폐렴이다. 폐렴은 세균이나 바이러스에 의해 폐에 염증이 생기는 질병이다.

우리는 끊임없이 호흡한다. 이 세상에 태어나 울음을 터뜨린 뒤부터 죽음에 이르기까지 한시도 쉬지 않고 숨을 쉰다. 잘 때도 호흡은 멈추지 않는다. 그렇게 해서 공기 중에 있는 산소를 몸에 집어넣는다. 그리고 몸에서 산소와 영양분이 결합함으로써 생존에 필요한 에너지를 만들어내 생명을 유지한다.

만약 호흡이 멈추면 어떻게 될까? 짧게는 1분 30초, 길게는 3분 동안 호흡이 중단되면 사망에 이를 수 있다.

우리가 들이쉰 공기는 코와 입으로부터 목구멍에 있는 기관이라는 튼튼한 관을 통해 폐로 들어간다. 폐에는 기관이 여러 가닥으로 나뉜 기관지가 있는데 이 기관지는 점점 가늘게 갈리다가 마지막에는 폐포라는 아주 작은 주머니에 도달한다. 인간의 폐포는 0.1～0.2mm 정도이며 혈관 내에서 산소와 이산화탄소를 혈액과 교환하는 모세혈관에 둘러싸여 있다.

성인 한 명의 폐포는 좌우 합쳐서 수억 개에 달하며 총 표면적이 $60m^2$ 이상이므로 혈액은 산소와 이산화탄소를 쉽게 교환할 수 있다.

폐렴과 감기, 어떻게 다를까?

폐는 폐렴이라는 병에 걸리기도 한다. 세균과 바이러스는 코와 입으로 침입해 목을 지나 폐 속으로 들어간다.

건강한 사람은 목에서 세균과 바이러스를 방어한다. 하지만 감기에 걸렸거나 고령, 또는 기저질환이 있어서 면역력이 떨어졌을 때는 세균과 바이러스가 목과 기관을 통과해 폐까지 침입한다. 이 침입자는 폐포에서 증식해 염증을 일으킨다.

폐렴의 주요 증상은 발열, 기침, 가래 등이며 감기와 유사하다. 폐렴과 감기의 큰 차이는 감염이 되는 부위다. 감기는 주로 코나 목과 같은 상기도에 원인인 미생물이 감염시켜 염증을 일으키는 데 비해 평소에 걸리는 폐렴은 주로 폐 속의 감염병이며 폐포에 염증이 생긴다. 폐포에 염증이 생기면 숨을 쉴 때 통증을 느끼거나 호흡이 빨라지며 때로는 호흡곤란에 이르기도 한다.

원인 미생물 중
가장 흔한 폐렴구균

폐렴구균은 인플루엔자바이러스에 이어 가장 흔한 원인 미생물이다. 2019년 이후 중증폐렴을 유발하는 신종 코로나바이러스가 전 세계적으로 감염자 수를 늘렸다. 21세기가 되자 심한 폐렴을 발생시키는 코로나바이러스가 기승을 부렸고, 2002년 가을부터 사스, 2012년에는 메르스가 발생했다.

폐렴구균은 주로 어린이의 코와 목에 서식한다. 건강한 사람의 25~50%도 코에 폐렴구균이 서식하고 있다. 다른 점이 있다면, 건강한 사람은 폐로 들어가기 전에 폐렴구균을 차단하지만 저항력이 약한 사람은 폐렴구균이 폐로 들어가 폐렴을 일으킨다는 것이다. 따라서 나이가 들수록 사망 위험이 커지며 증상이 급격히 악화될 수 있다.

07

케네디를 대통령으로 만든 감자역병균

식물에 생기는 질병 대다수는 곰팡이가 원인이다

동물만 미생물에 감염되어 병에 걸리는 것은 아니다. 식물도 그렇다. 증상은 매우 다양하다. 잎마름, 반점, 반점무늬 등의 변색과 비대, 혹, 위축 등의 변형, 부패 등이 발생한다.

식물병의 70~80%는 곰팡이(사상균)가 원인이다. 그 밖의 병원체로는 선충, 세균, 바이러스 등이 있다.

여기서 식물의 질병이 세계 역사를 바꾼 사례를 하나 소개하겠다.

대항해 시대에 유럽으로 전해진 감자

감자는 쌀, 밀, 옥수수 다음으로 많이 생산되는 주식이지만 감자가 세계 각지에 재배되기 시작한 것은 그리 오래되지 않았다. 감자의 고향을 따라가면 남미 안데스 산지를 만나게 된다.

안데스 사람들은 야생 감자종을 농작물로 개량했다.

감자는 콜럼버스와 피사로가 활동하던 16세기 대항해 시대에 유럽으로 전해졌다. 오랜 시간 후 사람들은 감자가 매우 유익한 작물임을 알게 되었고, 18세기 이후 감자는 유럽 전역에 보급되어 인구 증가에 기여했다.

대기근에 처한 아일랜드의 비극

아일랜드에서는 영주들이 소작농에게 작은 땅만 주고 소작료를 받아냈다. 때문에 농부들은 생산성이 높은 작물 딱 한 종류만을 재배할 수밖에 없었는데 그 작물이 바로 감자였다.

감자를 재배하던 농부들의 큰 걱정거리는 어느 날 갑자기 감자 잎과 줄기가 썩는 의문의 병이었다. 특히 1844년에는 그 병이 기승을 부렸다.

1845~1846년 영국의 마일스 버클리(Miles J. Berkeley) 목사는 현미경으로 감자 잎을 관찰한 뒤 이 질병이 많은 실 모양의 곰팡이에 의해 일어난다고 주장했다. 그러나 식물학자들은 1860~1861년에 이 주장이 옳다는 것이 증명되기 전까지만 해도 비전문가의 말도 안 되는 소리라고 무시했다. 원인은 감자역병균(phytophthora infestans)이라는 곰팡이였다.

당시 아일랜드에서 재배되던 감자의 품종은 딱 한 종류였고 다른 곡물은 아직 재배되지 않고 있었다. 그 한 종류가 곰팡이에 감염되어 대기근이 시작된 것이다.

케네디의 선조가 감자역병균을 만났을 때

감자 농사가 흉작이 되자 100만 명 이상이 사망했다. 국토는 파괴되어 갖가지 질병이 농촌과 도시로 확산되었다. 살아남은 사람 중 상당수는 굶주림을 견디지 못하고 대서양을 건너 미국이나 호주로 이주했다.

대서양을 건넌 아일랜드인 중에는 피츠제럴드가와 케네디가 사람들도 있었다. 바로 그때 미국 역사에 새로운 한 획이 그어진 것이다. 미국에서 새로운 기회를 발견한 이주민들은 열심히 일해 차근차근 자산을 늘렸고, 아이들에게 교육의 기회를 주었다.

1917년 존 F. 케네디가 태어났다. 그는 어머니에게 엄격한 교육을 받으며 자랐고 1961년 미합중국의 대통령이 되었다.

감자역병균이 일으킨 '의문의 병'이 없었다면 케네디가는 미국으로 이주하지 않고 지금까지 아일랜드에서 살고 있을지도 모른다. 이렇게 미생물은 때로 인생을 바꿀 만큼 큰 영향력을 발휘하기도 한다.

08

가장 친숙한 곰팡이 질병 - 무좀

진균증은 곰팡이나 효모가 일으키는 피부질환

곰팡이, 효모, 버섯을 생물학적으로는 '진균'이라고 한다. 진균으로 인해 발생하는 피부질환이 바로 '진균증'이다. 대표적인 진균증이 무좀과 고부백선[9]이다. 무좀과 고부백선은 모든 감염병 중 가장 발생률이 높은 질병으로 인구의 10% 이상이 감염된 것으로 추정된다.

원인은 백선균이라는 곰팡이의 일종이다. 무좀이나 백선은 발바닥의 오목하게 들어간 부분, 발가락 뿌리 부분, 발가락 사이, 사타구니 사이, 얼굴, 몸체… 피부라면 어디에나 감염될 수 있다. 때로는 손톱에도 감염된다. 그것이 흔히 말하는 손톱 무좀이다. 증상은 붉은 반점이 생기고 더 심해지면 발진, 물집, 고름이 찬 물집, 염증이 생긴다.

백선균은 피부의 단단한 각질을 영양분으로 삼는다. 각질층에 붙으면

9) 샅백선, 완선이라고도 한다. 곰팡이가 사타구니 피부 표면에 감염되어 발생하는 질환이다.

각질을 분해해(녹여) 왕성하게 균사를 늘리며 성장한다. 감염이 진행되면서 세포를 자극해 가려움을 유발한다. 이 정도가 되면 갑자기 들어온 이물질에 몸이 반응하기 때문에 염증이 생긴다. 염증이 생기는 부위는 백혈구와 침출액에 함유된 살균물질이 백선균을 공격하고 있는 곳이다. 그때 백선균은 인체의 공격을 견디다가 염증이 사그라들 무렵에 다시 균사를 뻗는다.

그래서 무좀이 좀처럼 사라지지 않는 것이다. 무좀은 일단 나아도 다시 감염될 수 있다. 이미 죽은 세포인 각질층에만 감염되므로 면역이 생기기 어렵기 때문이다.

진균증은 사람과 동물을 통해 사람에게 옮는다. 스포츠를 하면서 다른 사람과 접촉하거나 반려동물이나 가축과 접촉해서 감염되는 경우가 많다.

무좀을 예방하려면 '깨끗이 씻고 말려라'

무좀을 멀리하려면 매일 목욕을 하고 비누로 씻는 등 청결에 유의하자. 몸을 씻은 뒤에는 물기를 깨끗이 닦아내고 확실하게 말려야 한다. 목욕 매트, 수건, 슬리퍼를 함께 사용하지 말고 통기성이 좋은 양말과 신발을 신는다. 신발 신는 시간은 최대한 줄인다.

치료제는 바르는 약과 먹는 약이 있다. 바르는 약에는 이미다졸 계열의 약을 많이 사용한다. 일반 의약품과 의사가 처방하는 약의 성분은 거의 동일하다. 물론 의사의 처방약이 훨씬 더 강력하다.

손톱 백선과 피부가 두껍고 딱딱해지는 각질화형 무좀은 의사와 상담 후 약을 복용해서 치료해야 한다. 최소 두 달 이상 계속 복용하지 않으면 효과가 나타나지 않을 것이다.

면역력이 떨어지는 순간을 노리는 기회감염

칸디다는 공기 중에 떠다니는 진균의 일종으로 다른 미생물과 함께 우리의 입, 목구멍과 소화기관, 혹은 피부에서 산다.

건강한 몸이라면 아무런 문제가 되지 않는 미생물이지만 암 치료와 같이 면역력이 약해졌을 때는 미생물에 감염되어 발병할 수 있다. 이것을 기회감염(opportunistic infection)이라고 한다.

여성의 질이 칸디다균에 감염되어 발병하는 칸디다증은 흰색의 걸쭉한 분비물이 많아지고 심한 가려움을 동반한다. 칸디다증은 진균(곰팡이)에 의한 가장 흔한 기회감염이며 성병의 일종으로 알려져 있다.

09

멸균, 살균, 소독, 제균, 항균은 어떻게 다를까?

미생물을 완전히 사멸시키는 멸균

미생물로 인한 감염을 예방하는 방법으로 멸균, 살균, 제균, 항균 등이 있는데 '○균'에는 어떤 차이점이 있을까?

이 가운데 가장 정의가 명확한 것은 멸균이다. 멸균은 미생물을 완전히 사멸시키는 것을 말한다. 병원체가 아닌 미생물까지 전부 사멸시킨다. 물론 우리 주위에 있는 미생물을 완전히 없애기란 불가능하며, 그렇게 하면 오히려 부정적인 면이 크다. 따라서 손가락이나 수술기구 등 대상 범위를 정해서 실시한다.

대상을 멸균하면 거기에는 살아 있는 미생물이 사라진다. 당연히 바이러스도 활동할 수 없다. 미생물 중 가장 사멸하기 힘든 것이 세균 포자다. 그러므로 일반적으로 멸균은 세균 포자까지 사멸시킨다.

멸균과 관련해 소독이라는 방법도 있다. 소독은 멸균보다 약하고 포자를 죽이지 못할 수도 있지만 일반 세균 등은 죽일 수 있다.

멸균을 위한 가장 일반적인 소독 방법

가장 일반적인 멸균 방법은 열을 사용하는 것이다. 대략 121℃에서 2기압의 고압 증기로 멸균하는 오토클레이브라는 장비를 이용한다. 멸균 시간은 10~20분이다. 미생물 연구와 의료 현장 등에서 유리 기구, 세균 배지, 거즈, 붕대, 금속 가위, 메스 등을 멸균할 때 사용한다.

조리 시 사용하는 오븐과 같은 구조인 150~180℃의 건조한 공기를 내보내는 멸균기도 사용된다. 160℃에서 2시간, 180℃에서 30분 정도 소요된다.

그 외에 가스, 방사선(감마선), 자외선을 사용하는 방법도 있다.

소독할 때는 끓는 물로 균을 죽이는 끓는 물 소독을 하거나 다양한 살균 소독약을 사용한다.

사실은 애매모호한 살균, 제균, 항균

살균은 미생물을 죽이는 것이지만 멸균의 정의 '미생물을 완전히 사멸시키는 것'에서 '완전히'라는 조건이 없다. 즉 어느 정도까지 미생물을 죽이면 되는지 애매하다. 일단 미생물을 줄일 수 있으면 좋겠다는 식이다.

제균은 대상물에서 미생물을 제거하고 줄이는 것이다. 반드시 병원체를 죽여야 하는 것은 아니다. 물로 손을 씻거나 여과를 통해 미생물을 제거하는 작업도 제균에 포함된다.

항균은 제품 표면에서 미생물이 장시간 늘어나지 않도록 하는 것, 즉 미생물의 증식을 억제하는 것이다. 제품 표면 외에 존재하는 미생물에 미치는 영향은 거의 없다.

이렇게 '○균' 등을 살펴보면 멸균과 소독은 의료계에서 명확히 정의되어 있지만 살균, 제균, 항균은 매우 모호하다는 것을 알 수 있다.

항균 제품이 반드시 좋은 것만은 아니다

항균 제품은 제품에 소독제나 항균 작용이 있는 물질을 섞어서 약한 살균 능력을 갖게 한 것이다. 종류도 매우 다양하고 효과도 제각각이며 수지, 천, 분무기 등 다양한 종류에 항균 성분을 주입한다.

주방용품이나 욕실용품에 항균 작용을 가미하면 청소하는 수고를 덜 수 있다. 이러한 것들은 미생물의 번식을 억제함으로써 냄새를 예방하는 효과가 있다. 항균 의류의 경우 땀과 같은 냄새를 유발하는 세균 번식을 막을 수 있다.

그런데 항균 제품은 자칫하면 우리와 공생하는 상재균의 균형을 무너뜨려 병원체를 유입시킬 위험이 있다. 또 어설픈 살균 작업으로 병원체가 내성을 갖게 되는 일도 발생할 수 있다. 그 결과 항생제 등의 효능을 떨어뜨릴 수 있는 것이다.

2

이렇게 많다!
인류가 싸워 온
감염병의 역사

10

신종 코로나바이러스의 대유행

전 세계 확진자 수가 900만 명을 넘어서다

신종 코로나바이러스 감염병은 사스를 일으킨 바이러스와 비슷한 신종 코로나바이러스로 인한 감염병이다. 2019년 11월 중국 우한시에서 폐렴 환자가 발생한 것이 시작이었다. 당초에는 사스라고 여겼던 이 병의 확진자는 두 자릿수로 생각되었지만 실제로는 그해 12월 100명 이상, 다음 해 1월 중순에는 5,000명에 달했다.

일본에서도 1월 초부터 폐렴 환자가 발생했다고 보도되었지만 도쿄올림픽을 앞두고 관광객 유입으로 인한 수입을 중시했던 정부는 제대로 된 대응을 거의 하지 않았다. 그 때문에 2월 초 삿포로 눈축제에서 다수의 관광객을 맞이했던 홋카이도를 중심으로 첫 유행이 시작되었다. 2월 말에는 홋카이도 지사가 긴급 사태 선언을 하고 외출 자제를 요청했다. 그 후 일본에서 실시된 대책 중 상당수가 홋카이도의 대책을 답습하고 있다.

그 당시만 해도 유럽은 강 건너 불구경하듯 바라보았지만 3월경부터 이탈리아를 시작으로 감염이 확산되었고, 국경 폐쇄와 입국 금지 조치가 취해졌다.

또 일본에서도 주요 도시에서 확진자 수가 증가하자 3월에는 휴교령이, 4월에는 긴급 사태 선언과 동시에 외출과 음식점 · 가게 영업 자제가 요구되었다. 2020년 6월 하순, 확진자는 전 세계에서 900만 명을 넘어섰고 사망자도 47만 명 이상 발생했다.

의문의 감염 통제는 왜 이루어졌을까?

초대형 크루즈선인 다이아몬드 프린세스호에서 선내 감염이 확산되면서 당초 일본의 감염대책은 매서운 시선을 받아야 했다. 그러나 군대까지 동원해 강제로 외출 금지령을 내려도 감염 확산을 막지 못한 유럽이나 미국과는 대조적으로 일본은 외부 활동을 자제하는 수준의 방역대책을 시행했고 확진자와 사망자 수의 확산세가 누그러지는 추세다.

2020년 5월 중순 데이터로 인구 100만 명당 사망자 수를 살펴보자. 이탈리아, 스페인, 영국이 500명을 넘어섰고 미국은 약 270명, 독일은 100명 미만인데 일본은 6명에 불과하다.

클러스터(집단감염)를 파악한 것이 초기에 감염 확산을 막는 효과가 컸고, 대도시에서의 감염 확산 시기에도 대부분 경증 감염자로 의료기관에 구멍이 나지 않았다(PCR 검사를 의도적으로 늘리지 않았다고도 알려져 있다). 또 '3밀(밀폐, 밀집, 밀접)'이라는 일본 특유의 개념, 마스크 쓰기와 입 헹구기, 손 씻기를 자주 하고, 악수나 포옹을 하지 않는 문화가 접촉감염과 근거리 비말감염을 중심으로 퍼지는 신종 코로나바이러스에 효과적이었다고 볼 수도 있을 것이다.

그 밖에도 기초 면역 유무, BCG 예방접종, 민족에 의한 차이 등 여러 요인이 거론되고 있는데, 통계분석으로 실제 요인이 확인되려면 시간이 걸릴 것으로 보인다.

신종 코로나바이러스의 세 가지 유형

신종 코로나바이러스는 사스와 비슷한 유전자 염기서열을 갖고 있으므로 박쥐가 퍼뜨렸다는 설이 유력하지만 인간에게 감염을 퍼뜨린 숙주는 확인되지 않았다. 또한 2020년 5월 기준으로 신종 코로나바이러스는 여러 형태가 있는 것으로 알려졌다.

지난 4월 케임브리지대학의 보고서에 따르면 박쥐의 코로나바이러스에 가깝고 초기부터 미국과 호주에서 감염이 확산되었던 A형, A형에서 변이해 우한시를 중심으로 확산된 B형, 또한 B형에서 변이해 유럽에서 확산된 C형 등 세 가지가 있다.

초기형으로 꼽히는 바이러스가 왜 중국 본토보다 미국과 호주에서 더 유행했는지, 각각의 아형(서브타입) 사이에서 재감염이 일어날 수 있는지 알 수 없는 점이 많지만, 이것도 연구가 진행되면 차차 드러날 것으로 생각된다.

WHO가 결정한 COVID-19라는 병명의 유래

종래의 인플루엔자처럼 질병의 명칭은 보통 그 병이 발생(했다고 생각되는)한 나라나 발견한 사람의 이름을 따서 지어졌다. 그러나 때때로 그것은 발생한 지역, 국가, 심지어 민족에 대한 차별로 이어졌다.

또 명칭이 주는 일방적인 이미지 역시 병에 대한 위험성의 이해를 저해하고 방역체계에 미비점이 생기는 등의 단점이 지적되어 왔다. 그런 이유로 신종 코로나바이러스 감염병의 명칭에는 지명을 붙이지 않았다. 정식 명칭인 COVID-19는 2019년에 발생한 코로나바이러스에 의한 질병을 뜻한다. 이것은 WHO의 결정으로 보인다.

바이러스의 성질에 따라 달라지는 대처법

바이러스는 자신을 복제하기 위한 유전 정보와 그것을 보호하고 세포로 보내는 메커니즘을 함께 지니고 있다. 또 유전체의 종류(DNA인가 RNA인가)와 이중가닥인지 단일가닥인지 여부에 따라 구분한다. 구체적으로는 이중가닥 DNA를 가진 바이러스(아데노바이러스, 헤르페스바이러스), 단일가닥 DNA를 가진 바이러스(파보바이러스), 이중가닥 RNA를 가진 바이러스(로타바이러스), 단일가닥 RNA를 가진 바이러스가 있다. 단일가닥 RNA를 가진 바이러스는 (1) mRNA 정보를 그대로 유전체로 사용할 수 있는 코로나바이러스, 황열병바이러스, C형간염바이러스, 풍진바이러스 (2) mRNA를 주형(템플릿)으로 삼아 다른

RNA 분자를 유전자로 삼는 에볼라바이러스, 인플루엔자바이러스 등 (3) RNA를 주형으로 DNA를 만드는 HIV 등으로 구분된다.

많은 바이러스는 유전자 정보를 지키는 단백질 껍질(캡시드)을 갖고 있는데 이것은 세포에 붙거나 자신을 세포에 흡수시키기 위한 외피(봉투라는 뜻의 'envelope'로 표기)에 덮여 있다. 코로나바이러스도 외피에 싸여 있다.

바이러스의 성질에 따라 약품이나 백신, 대처 방법이 달라진다. 예를 들어 코로나바이러스와 인플루엔자바이러스는 세포에 침입하는 구조가 다르므로 독감 치료제인 뉴라미니다아제(NA)는 코로나 감염병 치료제로 쓸 수 없다.

알코올 소독과 손 씻기가 기본

코로나바이러스는 외피와 mRNA가 되는 단일가닥 RNA 바이러스로 이루어져 있다. 주로 겨울철에 유행하는 노로바이러스와 로타바이러스는 외피가 없어서 염소계 표백제나 뜨거운 물을 이용하지 않으면 감염성이 남는 귀찮은 존재다. 하지만 코로나바이러스는 외피가 있으며 소독용 알코올이나 계면활성제(비누 등)에 취약하므로 손 등에 달라붙은 바이러스는 비누로 깨끗이 손을 씻고 소독용 알코올을 이용하는 방법으로 대처할 수 있다.

또한 비말감염이 중심이므로 마스크나 얼굴 보호막을 써서 비말 확산을 방지하면 효과적이다. 사회적 거리 확보와 자주 환기를 하는 것도 중요하다.

신종 코로나바이러스 검사는 왜 쉽지 않을까?

다른 코로나바이러스 감염도 그렇듯이 이 병원체를 진단하기란 쉽지 않다. 검사를 할 때는 대체로 바이러스 분리검사, PCR 검사, 항체검사 등을 이용한다. 실용화된 검사 방법 중 바이러스 분리는 대량 검사에 적합하지 않고, RT-PCR은 특이성(감염되지 않은 경우 음성으로 나오는 것)이 높지만 민감도(실제 환자 중 검사에서 양성이 되는 비율)가 충분하지 않다. 검사를 해서 음성이 나와도 그 사람이 확진되지 않았다고 단언하기 어렵다는 말이다.

또 혈청 항체검사는 실용화되면 정확성은 높지만 일반적으로 급성기와 회복기를 동시에 진단해야 하며, 3주 이상 걸리기 때문에 초기 진단이 어렵다. 그 때문에 증상이나 접촉 이력을 파악해 확진자일 가능성이 크면 격리와 대증요법을 시행하는 방법을 택할 수밖에 없다.

게다가 사스와 달리 잠복기간이 길고 무증상 확진자도 상당히 많으며, 확진자의 항체 수를 검사했더니 장기면역력을 갖지 못한 확진자도 있어서 그 사람들이 재감염될 수도 있다. 또 뎅기열이 그렇듯이 재감염으로 인한 사이토카인 폭풍(면역물질이 과다 분비되어 전신의 혈관이 손상되는 것)이 일어날 수 있고 어린이의 경우 가와사키병에 걸리기도 한다.

1918년 스페인독감(인플루엔자) 팬데믹이 일어났을 때는 첫 유행보다 겨울에 발생한 두 번째 유행에서 확진자와 사망자 수가 더 많았고, 몇 년간 세계는 큰 타격을 받았다.

경제와 사회시스템을 유지하면서 어떻게 감염을 통제할 것인가, 의료계의 정상적인 활동을 유지하는 것과 환자를 수용하는 것이 어떻게 양립할 것인가 등 의학 지식만으로는 답을 낼 수 없는 문제로 발전했다.

바이러스와의 전쟁은 앞으로도 오랫동안 이어질 것이다. 따라서 침착하고 이성적으로 대처하는 자세가 필요하다.

11

사스와 메르스가 무서운 이유

사스와 메르스, 신종 코로나바이러스 감염병의 원인은 모두 일반 감기를 일으키는 코로나바이러스(CoV)이며 주로 접촉과 비말을 통해 감염된다.

사스의 출현

2002년 말, 중국 광둥성에서 새로운 '비정형 폐렴'이 발생했다고 보고되었다. 급속도로 중증화하는 폐렴을 유발하는 이 병은 중국에서 초기부터 300명 이상의 감염자와 5명의 사망자를 냈다. 또한 2003년 3월, 홍콩의 한 호텔에서 일어난 집단감염을 계기로 급속히 퍼졌고 2003년 3월에 베트남과 홍콩의 의료기관에서 원내감염이 발생했다.

WHO는 2003년 3월 12일, 전 세계에 경보를 발령했다. 또 원인 불명의 이 질환을 중증급성호흡기증후군(SARS, severe acute respiratory syndrome)으로 명명하고 세계적 규모의 건강 위협이라며 이례적인 여행 자제 권고를 내렸다.

WHO가 감염자를 추적한 결과 의료기관과 요양시설 등에서 사람과 사람 간의 밀접 접촉으로 감염이 확산되었다고 밝혀졌다. 지극히 일반적이지만 감염자를 격리하고 발열 등의 증상 발현자를 조기에 찾아내는 '격리와 방역' 조치를 취했다. 잠복기가 짧고 고열 등 증상을 파악하기 쉬운 병의 특성상 이 조치는 효과를 발휘해 확산세가 수그러들기 시작했다.

아시아와 캐나다를 중심으로 퍼진 이 질병은 WHO가 2003년 7월 종식을 선언할 때까지 8,000명 이상의 감염자와 700명 이상의 사망자를 냈다. 고령자의 치사율은 50% 이상이며, 감염자 전체로 추산해도 약 9.6%에 이른다.

슈퍼 전파자의 존재를 세계에 알린 사스

현재 사스는 인수공통감염병으로 알려졌으며 박쥐가 가진 코로나바이러스가 사람과 사람 간에 감염되는 능력을 가지면서 단숨에 퍼졌을 것으로 추정된다.

병원체는 대개 증식하기 위해 숙주의 건강을 해치지만 숙주가 활동하지 못하거나 죽어버리면 감염을 확산하지 못한다. 그렇다고 병원성이 너무 낮으면 아예 다른 개체를 감염시킬 수 없다. 병원체는 다양한 유전적 편차를 갖게끔 진화하는데, 숙주가 활동할 수 없는 상태에서 가장 많이 증식하거나 다른 숙주에 감염시키는 총 횟수가 가장 많은 병원체가 살아남는다고 한다.

그런데 갑자기 다른 동물을 감염시킬 수 있게 된 병원체는 평소의 '조절'

상태를 유지하지 못하고 강력한 병원성(강독성)을 발휘하기도 한다. 신종 감염병 중 치명적인 질환이 많은 것은 이 때문이다.

현재 인류사회는 다수가 짧은 시간에 장거리 이동을 하고 있으므로 감염력과 독성이 강한 병원체가 단번에 전 세계로 퍼질 가능성이 있다. 사스는 그 위험성을 다시 한 번 사회에 알리는 계기가 되었다. 또한 환자 한 명이 다수를 감염시키는 '슈퍼 전파자'의 존재를 알림으로써 감염 경로를 연구하는 데 큰 영향을 미쳤다.

감염력은 약했지만 치사율이 높았던 메르스

2012년 4월, 요르단의 한 병원에서 집단 폐렴 원내감염이 발생했다. 6월에는 사우디아라비아에서 신종 코로나바이러스에 의한 폐렴과 호흡곤란, 9월에는 사우디아라비아에서 감염된 카타르인이 발열과 호흡곤란을 호소했다.

이 환자는 영국으로 긴급 이송되었고, 영국 보건청은 환자의 몸에서 신종 코로나바이러스를 검출했다. 이후 이전 두 환자도 동일한 바이러스에 감염되었다는 사실이 밝혀져 메르스(MERS)라는 이름이 붙었다.

메르스의 감염력은 사스보다 약한 편이므로 급속히 감염이 퍼지는 팬데믹은 일어나지 않을 것으로 보인다. 그러나 사람 간에 감염이 되고 가족 및 원내감염 사례도 보고되었다. 또 2012~2015년까지 유행하는 동안 확정 진단된 환자 수는 1,000여 명이 채 되지 않았지만, 그중 약 350명이 사망했으며 치사율은 36.7%로 사스보다 훨씬 높다. 감염되면 대단히 무서운 바이러스인 것은 틀림없다.

사스와 마찬가지로 이 바이러스는 박쥐에서 유래하지만 인간에게 옮긴 숙주는 단봉낙타로 추정되며 인수공통감염병 중 하나다. 따라서 야생동물을 만지거나 고기를 먹는 행위가 위험하다는 것을 인지하고 야생동물에게 함부로 접근하지 말아야 한다.

또 연구 결과에 따르면 메르스는 2007년경에 발생한 것으로 추정된다. 우리가 모르는 사이 새로운 바이러스가 퍼지고 있었던 것이다.

12

인플루엔자바이러스가 '인류의 강적'인 이유

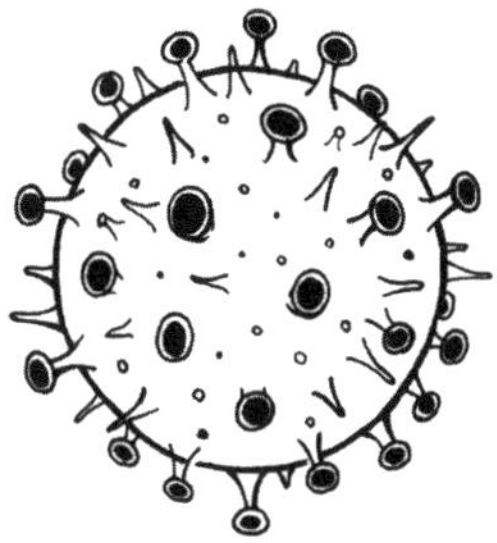

감염병으로 인식되지 않았던 인플루엔자

'인플루엔자'는 아주 오랜 옛날부터 인류를 두려움에 떨게 한 질환이다. 'Influenza'라는 용어는 이탈리아어인데 라틴어인 'influentia coeli(별의 영향)'라는 말이 어원이며 겨울철에 유행하는 감기를 '천체의 자리 배치로 인해 걸리는 병'이라고 생각한 것에서 유래했다고 한다.

인플루엔자는 '유행성 감기'라고도 하는데, 감기는 한국어로는 '느낄 감, 기운 기' 자를 써서 감기(感氣)라고 표현하고 일본어로는 감모(感冒)라고 쓴다. 감모는 중국어로 감기라는 뜻이며 한의학의 육음원이라는 개념에서 유래했다. 기후와 같은 여섯 가지 외부 원인(바람, 춥고 더움, 습하고 건조함, 열) 중 바람의 사악한 기운에서 생겼다는 개념이다. 동서양을 막론하고 천체와 계절 등 외부 요인을 원인으로 여겼으며 감염병이라고는 생각하지 않았음을 알 수 있다.

인플루엔자는 바이러스에 의해 발생하는데, 크기가 100nm(나노미터, 0.0001mm) 정도로 극히 작아서 전자현미경을 사용해야 볼 수 있다. 그래서 원인을 알아내는 데에도 오랜 시간이 걸렸다.

1892년 독일의 미생물학자 리하르트 파이퍼(Richard Pfeiffer, 1858~1945년)가 독감 환자에게서 세균을 발견해 '인플루엔자균'이라고 이름 붙였다(파이퍼균이라고도 한다).

이 균은 독감 환자의 목구멍에서 많이 나타났기 때문에 인플루엔자의 원인일 것이라는 설이 20년 정도 제기되었다. 그러나 1918년 스페인독감이 유행할 당시 일본에서 이 균과 폐렴구균 백신이 제조, 접종되었지만 효과가 없었던 점으로 미루어 이 균이 독감의 원인이 아니라는 것이 확인되었다.

이 균에는 현재 '헤모필루스 인플루엔자'라는 학명이 붙어 있다. 몇 가지 유형 중 특히 B형은 소아에게 심한 폐렴을 일으키기 때문에 무료 예방접종을 실시한다. 일반적으로 Hib 백신으로 불리는데 이것은 헤모필루스 인플루엔자 B형의 약칭이다.

일본인이 인플루엔자의 원인을 발견했다고?!

1933년 영국인 크리스토퍼 앤드류 연구진은 인플루엔자바이러스를 분리, 발견했다고 발표했다. 그러나 일본 예방위생협회 야마우치 가즈야에 따르면, 그보다 앞서 1918년 스페인독감이 유행할 당시 일본인인 야마노우치 다모쓰 등이 <랜싯(lancet)>이라는 영국 의학잡지에 인플루엔자의 원인이 여과성 병원체임을 보고했다. 앤드류 연구진보다 10년 이상 빨리 발표한 셈이다.

야마노우치는 ① 세균을 통과시키지 않는 필터를 여과한 것을 점막에 접종하면 발병한다. ② 가래와 혈액에 병원체가 존재한다. ③ 인플루엔자의 원인은 인플루엔자균(파이퍼균)이 아니다. ④ 이미 독감에 걸린 사람은 다시 걸리지 않는다(면역력을 갖는다)는 내용을 보고했다. 매우 우수한 내용이지만 국제적으로 인정받지 못한 것이 유감스럽다.

18세기부터 이어진 팬데믹의 역사

심한 감기가 유행한 것은 오래전부터 여러 번 기록되어 있지만, 인플루엔자의 팬데믹에 관한 기록은 18세기경에 처음 나타난다.

인플루엔자는 크게 A형, B형, C형의 세 가지 형태가 있는데 팬데믹을 일으킨 인플루엔자는 A형이 많고 변이가 빠른 것이 특징이다.

인플루엔자 백신은 유행 추세에 따라 제조되는데, 유행하는 유형에서 벗어나면 예방 효과가 떨어진다. 물론 예방접종을 해도 독감에 걸릴 수 있다. 그러나 중증도를 억제해 감염 확대를 방지하고 심각한 합병증 예방에 효과가 있으므로 적극적으로 예방접종을 하는 편이 이득이라 할 수 있다.

언젠가는 반드시 찾아온다 고병원성 인플루엔자

인플루엔자는 돼지, 닭, 사람 사이에 감염되는 인수공통감염병이다. 2009년에 유행한 인플루엔자는 돼지 독감이 인간에게 전염된 것이다.

이 밖에도 고병원성(치사율이 높음) 조류 인플루엔자가 사람에게 감염될 가능성이 지적되었으며, 이 경우 역사상 유례없는 큰 피해가 발생할 가능성이 있다고 한다. 따라서 신종플루 백신을 비롯해 신약 제조연구도 진행 중이다.

언제 올지는 모르지만 언젠가는 반드시 온다는 인식을 갖고 대책을 수립해야 할 것이다.

13

세계 3대 감염병 중 하나인 말라리아

말라리아로 목숨을 잃은 일본의 승려

15세기 승려로 유명한 잇큐(잇큐 소준, 1394~1481년)는 교토에서 태어나 어려서부터 불교에 입문해 22세경에 교토의 다이토쿠지사에 들어가 스승으로부터 '잇큐'라는 이름을 받았다. 그는 권력과 직함을 멀리하고 오직 수행에 매진했다. 스승이 돌아가신 후에는 지방을 떠돌며 백성들을 위해 불교의 가르침을 설파했다고 한다. 오랜 세월 청빈한 삶을 살았던 잇큐는 87세에 말라리아로 세상을 떠났다.

말라리아는 학질모기라는 곤충을 매개로 말라리아 원충에 의해 발생하는 질병이며 이 병에 걸리면 주기적으로 오한과 떨림, 고열 발작을 일으킨다. 한국과 일본에서는 '학질'이라는 이름으로 예로부터 알려져 왔다.

전쟁에서 시작된 말라리아의 비극

말라리아는 메이지 시대부터 쇼와 시대 초기(19세기 후반~20세기 초반)까지 일본 전역에 퍼졌다. 홋카이도를 개척할 때 많은 사람의 목숨을 앗아간 것도 말라리아였다. 또 제2차 세계대전 중에는 말라리아가 발생한 지역으로 강제 대피되면서 많은 주민이 말라리아로 목숨을 잃었다. 이른바 '전쟁 말라리아'라고 불리는 안타까운 사태였다.

전투가 없었던 오키나와 야에야마 제도에서는 많은 주민이 말라리아에 걸려 사망했다. 당시 열세였던 일본군은 미군이 야에야마 제도 중 하나인 하테루마 섬에 상륙할 가능성이 크다고 생각했다. 그래서 1945년 3월, 그 섬의 주민을 다른 섬으로 강제 대피시키기로 했다. 그 대피처가 바로 이리오모테라는 섬이었다.

지금은 생각할 수도 없는 일이지만, 오키나와현의 이리오모테 섬은 당시 말라리아 감염 지역이었다. 특히 섬 남쪽인 하에미다 지구는 말라리아가 발생한 지역으로 1920년 말라리아로 인해 폐촌된 곳이기도 했다. 그래서 하테루마 섬 주민들 중 일부는 대피에 반대했다.

하지만 섬 주민들은 군의 명령에 따를 수밖에 없었다. 현재 아름다운 하에미다 지구의 해안에는 이리오모테 섬으로 강제 대피했다가 말라리아에 희생되어 숨진 아동들을 기리는 추모비가 세워져 있으며, 매년 8월 15일 추모제가 열린다. 하에미다 주민(당시 전체 인구 1,590명)의 말라리아 유병률은 99.8%, 사망률은 30.1%였다. 즉 거의 모든 사람이 말라리아에 걸렸고, 그들 중 약 3분의 1인 477명이 사망한 것이다.

제2차 세계대전 중 일본군은 말라리아 대책을 거의 강구하지 않았다. 그 때문에 과달카날 전투에서는 1만 5,000명, 임팔 전투에서는 4만 명, 오키나와 전투에서는 이시가키 섬 주민 중 거의 대부분이 말라리아에 걸려 3,600명, 루손 섬에서는 5만 명 이상이 말라리아로 사망했다. 식량 보급 문제를 가볍게 본 탓에 영양실조 상태가 되어 말라리아에 걸리는 병사가 많았으므로 일단 걸리면 대부분 완치를 기대할 수 없었다고 한다.

전쟁이 끝난 후, 말라리아는 일본 전역에서 유행했는데 철저한 예방대책을 취해 사망자 수가 크게 감소했고 1950년대에 말라리아 유행이 종식을 고함에 따라 1963년 이시가키 섬의 말라리아 종식 기념대회에서 일본 국내의 말라리아가 종식되었음이 선언되었다.

현재 일본 국내에서 말라리아 감염 사례는 보이지 않는다. 1960년대 이후 말라리아 발병 사례는 해외에서 말라리아에 감염되어 일본으로 귀국한 뒤 발병한 예, 즉 해외유입 감염병이 연간 100~150건 보고되고 있다.

알아 두면 좋은 말라리아 다발 지역

2020년 현재 세계 3대 감염병은 에이즈, 결핵, 말라리아다. 이 세 가지 감염병으로 인해 매년 250만 명이 목숨을 잃고 있다.

21세기에 들어 국제사회의 지원으로 감염 확산 속도는 늦춰졌지만, 많은 저소득 국가들이 여전히 감염 확산을 통제하지 못하고 있으며, 이들 세 가지 감염병이 주요 사망 원인으로 꼽힌다. 예방과 치료 수단이 존재하지만 열악한 환경에 놓인 사람들은 그 방법을 이용하지 못하는 것이다.

말라리아는 매년 수십만 명의 목숨을 앗아간다. 사망자의 93%는 열대열 말라리아가 많은 사하라 이남 아프리카에 집중되어 있으며, 이들 대부분은 5세 미만 어린이들이다. 아시아와 남태평양 국가, 중남미 등에서도 말라리아가 유행하고 있다.

2002년 질병대책을 위해 저·중소득 국가에 자금을 제공하는 기관으로 스위스에 설립된 글로벌 펀드의 일본위원회(2004년 설립) 홈페이지에 따르면, 2017년 기준으로 연간 2억 1,900만 명 이상이 말라리아에 걸리고 약 43만 5,000명이 사망에 이른다고 한다.

말라리아는 병원체인 말라리아 원충이 체내에 침입해 발생하는데 열대열 말라리아, 삼일열 말라리아, 사일열 말라리아, 난형 말라리아 등 네 가지 종류가 있다. 모두 평균 10~15일의 잠복기가 지나면 오한과 떨림을 동반한 고열, 두통, 설사와 복통, 호흡기 장애가 발생한다.

심각한 경우 급성신부전, 간 손상, 혼수상태 등이 일어나 사망하는 일도 적지 않다. 가장 위험한 것은 열대열 말라리아로 말라리아 사망의 95%를 차지한다. 임산부·HIV 감염자·5세 미만 아동은 면역 기능이 떨어져 말라리아에 걸리면 중증화하기 쉬운 것으로 알려져 있다.

참으로 정교한 말라리아 원충의 라이프사이클

1880년 알제리 주재 프랑스 육군 군의관 샤를 루이 알퐁스 라브랑(Charles Louis Alphonse Laveran)은 말라리아 환자의 혈액에서 말라리아 원충을 발견했다. 그가 연구를 시작했을 무렵 말라리아는 늪지대의 나쁜 공기 때문에 걸린다고 여겨졌지만, 말라리아 환자의 혈액을 광학 현미경으로 관찰하면 적혈구 안에 투명한 포대에 싸인 검은 입자가 보인다는 사실은 이미 알려져 있었다. 라브랑은 같은 말라리아 환자로부터 정기적으로 혈액을 채취해 이 검은 입자가 적혈구에서 자라는 모습을 기록했다. 그 후 영국 의사 로널드 로스(Ronald Ross)는 학질모기가 말라리아의 매개자임을 밝혔다. 1897년이었다.

말라리아 원충을 가진 학질모기가 사람을 물면 학질모기의 침 속에 있는 '스포로조이트(sporozoite)'라는 말라리아 원충이 인체에 주입된다. 그러면 스포로조이트는 인간의 간세포에 침입해 자라난다.

간세포에서 자라난 스포로조이트는 여러 개의 메로조이트(merozoite)라는 형태로 변한 뒤 간세포를 파괴하고 혈류 속으로 방출된다. 이렇게 방출된 메로조이트는 적혈구에 침입해 약 48시간 후 20~30개로 분열한다. 그리고 그 적혈구를 파괴하고 다시 혈류 속으로 나와 다시 새로운 적혈구에 침입하는 순환을 반복한다.

적혈구가 파괴되면 환자의 체온이 급격히 올라가는 것으로 알려져 있다. 또 적혈구 내의 말라리아 원충은 때때로 암수의 생식체가 되는데, 학질모기가 피를 빨면 생식체가 모기의 체내로 이동하고 내장에서 번식해 결국 스포로조이트가 된다. 이처럼 말라리아 원충의 라이프사이클은 매우 복잡하고 정교하다.

말라리아 퇴치를 위한 각국의 다양한 조치들

지금까지 선진국들은 말라리아 퇴치를 위해 다양한 조치를 취해 왔다. 말라리아를 퇴치하려면 무엇보다 병원충을 옮기는 모기를 없애는 것이 가장 중요하다. 예를 들어 미국 남부에서는 모기가 들끓는 지역을 개척해 물에 기름을 뿌리고 모기를 쫓아낸 뒤 키니네를 살포했다. 키니네는 남미 안데스 산지에 자생하는 기나나무에서 뽑아낸 말라리아 퇴치제다.

또한 댐에 사는 장구벌레를 죽이고 창문과 문에 방충망을 설치했다. 제2차 세계대전 중에는 말라리아 퇴치를 위해 DDT라는 염소계 살충제를 살포하기도 했다.

그리고 1970년 DDT 살포, 모기 서식지 근절, 말라리아 퇴치 약물 사용 확대 등으로 5억 명 이상이 말라리아 감염에서 벗어난 것으로 추산된다. 하지만 최근에는 치료제나 살충제가 듣지 않는 내성 말라리아가 증가해 새로운 문제가 되었을 뿐만 아니라 지구온난화로 인한 매개 모기의 생육지역 확대가 문제시되고 있다.

14

세계에서 7차 유행 중인 콜레라

질병의 심각성을 보여 주는 침대와 세탁부의 손

콜레라는 감염된 사람의 대변에 오염된 콜레라균을 함유한 물이나 음식을 입으로 섭취함으로써 감염된다. 입으로 들어간 콜레라균은 위액의 산에 의해 죽지만 이를 피한 콜레라균이 소장에 도달하면 천문학적인 수로 증식해 콜레라 독소를 만들어내고 심한 설사와 구토, 발열 증상을 일으킨다.

이 병에 걸린 사람의 80%는 경증에서 중간 정도로 끝나지만 20%는 심한 설사 증세를 보인다. 치사율은 2.4~3.3% 정도지만 중증의 경우 50%로 훌쩍 뛰어오른다.

콜레라의 특징인 설사는 쌀뜨물(우유)과 같은 하얀 액체다. 단시간에 많은 양의 설사를 하기 때문에 서둘러 치료하지 않으면 급성 탈수 증상으로 몇 시간 내에 죽음에 이를 수 있다.

콜레라는 5세 이하의 어린이가 많이 걸린다. '콜레라 침대'라는 침대가 있는데 침대 가운데 구멍이 나 있고 그 밑에 양동이가 놓여 있다. 필자는 어느 아시아 국가의 콜레라 환자용 병원에서 어린이 환자들이 이 침대에 누워 있는 모습을 본 적이 있다.

탈수는 환자의 몸을 눈에 띄게 위축시킨다. 심한 경우 하루에 10리터에서 수십 리터, 때로는 체중의 2배나 되는 설사를 하기 때문이다. 예를 들어 눈은 움푹 패고 혈관이 파열돼 피부가 검고 쪼그라든 상태가 되어 손가락 끝에 세로 주름이 잡히는 '세탁부의 손'이 된다.

세계적 대유행을 반복하고 있는 콜레라

콜레라는 세계적 규모로 유행하는 전염병이다. 기록에 남은 것을 보면 인도 풍토병으로서 오랫동안 알려진 질병이 벵갈 지역에서 시작해 다른 아시아 대륙으로 확산된 것이 제1차 세계적 유행(1817~1823년)이다.

그로부터 3년 뒤 다시 인도에서 2차 유행(1826~1837년)이 일어났다. 2차 유행 중에는 중동, 아프리카, 유럽, 북미, 중미로 확산되어 파리, 런던에서만 각각 7,000명과 4,000명이 사망했다.

3차 유행(1840~1860년)에는 더욱 많은 사람이 희생되었다. 이탈리아에서 14만 명, 프랑스에서 2만 4,000명, 영국에서 2만 명이 사망했다. 이때는 일본에서 안세이 콜레라가 대유행하던 시기로 사망자 수는 29만 명에 이르렀다.

지금은 1961년에 시작한 7차 유행 중이다. 전 세계에서 매년 130만 명에서 400만 명의 콜레라 환자가 발생하며, 2만 1,000명에서 14만 3,000명

가량이 사망하는 것으로 추산된다. 주로 안전한 물을 확보하지 못하는 지역, 위생환경이 열악한 지역에서 환자가 발생하고 있다.

배설물이 방치되었던 유럽의 위생 상태

전염병이 대유행했던 당시의 유럽은 상하수도 시설이 정비되어 있지 않았다. 약 2,000년 전 고대 로마제국 시대에는 상하수도가 정비되고 오물을 물로 씻어내는 화장실도 있었다. 공중화장실도 지어졌으며 한 곳에서 무려 1,600개의 변기가 발굴되기도 했다. 화산폭발로 도시 전체가 화산재에 파묻힌 것으로 유명한 폼페이 유적에서도 집 안에서 욕실 잔해가 발굴되었다.

하지만 고대 로마제국이 멸망하면서 화장실은 자취를 감추었다. 고대 로마제국을 멸망시킨 북방 게르만계 민족은 주로 사냥을 하며 살아서 집 안에 큰 화장실을 만들지 않았기 때문이다.

산업혁명(1860년경) 이후 사람들이 도시로 몰리자 배설물 처리에 골치를 썩인 그들은 배설물을 도로와 마당에 버렸다. 거리와 광장은 똥과 오줌으로 얼룩졌다. 사람들은 임시방편으로만 치웠기 때문에 그것들은 지하에 스며들어 병원체로 우물을 오염시켰다.

콜레라의 유행으로 상하수도가 보급되다

파스퇴르가 생물의 자연발생설을 부정하기 전에는 콜레라뿐 아니라 병은 나쁜 공기(축축하고 더러운 땅에서 생기는 에어로졸 상태의 물질)가 원인이라고 여겨졌다.

'콜레라는 나쁜 공기가 아니라 물 때문에 발생한다'는 것은 1855년 마취학자인 존 스노(John Snow)가 명확히 입증했다. 스노는 런던에서 콜레라가 유행했을 때 사망자가 나온 가정과 그 집에서 어느 곳의 물을 마셨는지 일일이 방문해서 조사했다.

그 결과 골든스퀘어의 브로드가에 위치한 우물물을 마신 사람들만 콜레라에 걸렸음을 밝혀냈다. 이 우물의 식수 펌프를 사용하지 못하도록 손잡이를 제거하자 콜레라 발생이 멈추었다.

영국의 수도 런던에서는 1855년부터 하수도 정비에 착수해 그때까지 템스 강에 직접 흘려보냈던 하수를 하수도를 통해 시가지보다 하류로 흘러가게 했다. 또 유럽 각국과 미국에서도 하수도를 정비하게 되었다.

일본에서 근대식 수도가 생긴 것은 1887년부터다. 그해 10월 17일, 요코하마에서 상수도 급수가 시작되었다. 그 뒤 하코다테, 나가사키, 오사카, 히로시마, 도쿄, 고베로 잇달아 급수가 이루어졌다. 이렇게 급속히 수도시설이 정비되었던 이유로는 수인성 전염병인 콜레라 대유행이 있었다.

콜레라는 위생환경이 개선된 근대 도시를 낳은 어머니라고도 할 수 있다. 현재 상하수도가 정비되어 위생환경이 좋은 나라에서 콜레라 환자가 보고된 사례는 대부분 해외 유행지에서 감염되어 귀국한 사람에게 유입된 것이다. 다만 여전히 안전한 물을 확보하기 어렵고 열악한 위생환경에서 생활해야 하는 곳에서는 콜레라에 감염될 위험성이 크다.

15

에볼라바이러스 등의 신종 감염병

아프리카를 공포에 떨게 한 에볼라 출혈열

에볼라 출혈열(에볼라바이러스 감염증), HIV, 사스, 메르스 등 최근 새롭게 등장한 감염병을 '신종 감염병'이라고 한다. 신종 감염병이 나타난 요인으로는 개발과 삼림 파괴로 야생동물과 인간이 접촉할 기회가 늘어나 야생동물이 보유한 병원체가 사람에게 전염되는 것이 꼽힌다.

에볼라 출혈열은 바이러스성 출혈열로 분류되는 감염병 중 하나다. 1976년 수단(수단공화국)에서 처음 발견되었으며, 콩고(콩고민주공화국) 북부의 한 병원에서 대규모 병원감염이 발생했다. 첫 번째 에볼라 출혈열 환자가 말라리아로 의심받고 주사를 맞았는데, 그 주사기가 제대로 소독되지 않아 같은 주사기로 주사를 맞은 9명의 환자가 모두 사망한 것이다.

현지에서는 알 수 없는 병 때문에 치료법도 모른 채 환자나 의료진을 통해 피해가 확산되었다. 318명 중 무려 90%에 가까운 280명이 사망했다.

콩고에서는 1977년과 1995년에도 이 병이 유행했다.

갑작스런 발열, 강한 권태감, 근육통, 두통, 인후통을 비롯해 구토, 설사, 발진이 나타나고 그 후 신장 및 간 기능 이상, 의식장애, 출혈 등이 일어난다.

출혈이나 다발성 장기부전의 경우, 전신의 점막에서 출혈이 일어나기 때문에 '온몸의 구멍이라는 구멍에서 출혈이 발생한다'고 표현하기도 한다. 온몸에 부종(붓기)이 생기고 링거를 맞아도 출혈이 멎지 않는다. 혈압을 측정하기 위해 커프 벨크로를 팔에 감기만 해도 내출혈이 일어나는 등 무서운 증상이 떠들썩하게 전해졌다.

에볼라 출혈열은 아프리카 각국에서 유행이 반복되었지만 그중 가장 대규모였던 것은 2013년 말 기니공화국에서 시작된 유행이다. 이 감염병은 라이베리아공화국과 시에라리온공화국으로 확산되었으며, WHO는 '국제적 공중보건 비상사태(PHEIC)'를 선포했다.

위생자재 부족과 빈곤, 장례식장에서 시신을 만지고 입을 맞추는 관습 등으로 좀처럼 수습이 되지 않았고, 2016년 3월 비상사태가 해제되기 전까지 3만 명 가까이 감염(의심 사례 포함)되어 그중 40%가 사망했다. 2018년부터 2019년에 걸쳐 콩고에서 에볼라 출혈열이 유행했을 때도 이와 같은 비상사태가 선포되었다.

그런데 에볼라 출혈열이 반드시 출혈 증상을 동반하는 것은 아니다. 출혈 이미지가 강해서 자칫 질병을 발견하지 못하고 지나칠 수 있다는 지적에 따라 현재는 국제적으로 EVD(에볼라바이러스 감염증)라는 명칭을 사용한다.

선진국도 피해 갈 수 없는 신종 감염병의 위협

1989년 필리핀에서 미국의 수도 워싱턴 교외로 수입되던 게잡이원숭이(필리핀원숭이라고도 한다)가 에볼라바이러스에 감염되었다.

해당 시설에서 사육된 원숭이 450마리는 모두 도살되었지만 미국의 수도에서 에볼라가 발생했다는 소식은 국민들에게 큰 충격을 주었다. 이 에피소드는 논픽션 작가 리처드 프레스턴이 지은 『핫존: 에볼라 바이러스 전쟁의 시작』에서 흥미진진하게 묘사되었으며, 이 사건에서 영감을 얻었다는 영화 <아웃 브레이크>(더스틴 호프먼 주연)에서도 볼 수 있다.

다른 나라에서도 실험동물로부터 유래한 신종 감염병이 유입되고 있다. 1967년 옛 서독의 마르부르크와 프랑크푸르트에서는 우간다공화국에서 유입된 아프리카녹색원숭이에게서 감염된 출혈열(마르부르크병)이 발생했고, 1989년 워싱턴에서 살처분된 일부 원숭이 중에는 당초 일본에 수입될 예정인 것도 있었다. 인수공통감염병은 인간뿐 아니라 보균자가 될 수 있는 모든 동물에 대한 검역이 필요하다.

현재 검역소는 감염을 고려해 검역을 실시하지만 선진국도 이러한 질병과 아예 관계가 없지는 않다.

세계화와 팬데믹 사이의 골치 아픈 관계

한편으로 기후변화(지구온난화)로 열대성 모기의 분포 영역이 계속 확대되고 있으며, 2014년에는 뎅기열이 일본으로 확산되었다.

말라리아는 의학적 치료로 극복되는 병으로 여겼다. 일본은 제2차 세계대전 후 DDT와 같은 살충제가 보급되면서 말라리아 청정국이 되었지만, 현재 DDT는 독성 때문에 사용이 금지되었으며 세계적으로 말라리아를 근절하는 것은 불가능하다고 여겨지고 있다. 이러한 감염병을 재흥 감염병이라고 하는데 기후변화로 인해 열대성 재흥 감염병이 일본에 재유입될 가능성도 지적된다.

1937년 우간다에서 발견된 웨스트나일열(West Nile Fever)은 아프리카에 머무르지 않고 중동과 서아시아, 호주 등지로도 퍼졌고, 1999년 미국 뉴욕에서 집단감염이 발생한 이후 감염 구역을 넓혀 현재는 미국 국내에 정착되었다.

산업구조의 변화와 국가 간 관계 변화로 인해 사람들의 이동 경로와 속도가 계속 변화하고 있다.

또한 환경 파괴로 인해 많은 숲이 사라졌는데, 금세기 중반에는 지구온난화에 따른 건조화로 세계에서 가장 큰 열대우림인 아마존의 절반 가까이가 사라질 것이라는 전망도 나온다. 삼림 파괴로 인해 야생동물과 접촉할 기회가 증가하고, 아직 알려지지 않은 새로운 감염병이 인간사회에 확산되어 세상이 완전히 바뀔 가능성도 있다.

아울러 기후변화는 사막화와 영구 동토의 해빙을 유발한다. 환경변화로 인해 살 곳을 잃은 난민이 현재 연간 1,000만 명을 넘을 것으로 추정되는데, 금세기 말에는 연간 1억 명에 달할 것이라는 전망도 나온다.

사람이 대이동하면 위생 상태가 나빠지고, 이동 거리가 늘어나면 감염병이 쉽게 퍼질 수 있다. 전 세계적으로 신종 감염병과 재흥 감염병의 발생

또는 대유행에 대한 우려는 점점 더 커질 것이다.

환경 문제는 야생동물과 자원의 보존 측면에서 논의되어 왔다. 그러나 앞으로의 인류사회에서 환경 문제로 인한 감염병은 말 그대로 세상을 바꾸고 우리 인류의 생존과 관계되는 큰 문제가 될 수 있다.

16

눈 깜짝할 새 세계 3대 감염병에 등극하다 - 사람면역결핍바이러스

편견과 차별이 사라지지 않는 HIV의 역사

인류의 생존을 위협하는 3대 감염병으로 에이즈(HIV바이러스로 인한 후천성면역결핍증), 결핵, 말라리아를 꼽을 수 있다.

2009년 에이즈의 연간 신규 감염자는 260만 명, 결핵 연간 발병자는 940만 명, 말라리아의 연간 감염자는 2억 명 이상이라고 한다. 감염자 수는 말라리아가 압도적으로 많지만 사망자 수를 보면 상황이 역전되어 에이즈 사망자가 180만 명, 결핵은 170만 명, 말라리아는 78만 명이다.

1980년경부터 유럽과 미국 등지의 동성애자를 중심으로 면역력이 저하되면서 일반적으로는 무해한 상재균으로 인해 감염병에 걸리는 환자가 발견되었다. 이것이 지금의 에이즈다.

파스퇴르연구소의 뤽 몽타니에(Luc Montagnier)와 프랑수아즈 바레-시

누시(Françoise Barré-Sinoussi)는 환자에게서 HIV(HIV-1) 바이러스를 발견했고 두 사람은 2008년 노벨 생리의학상을 수상했다. 또 그들은 1985년 이와 별도로 HIV(HIV-2) 바이러스도 발견했다. 두 가지 신종 감염병도 인수공통감염병으로 여겨진다.

또 성소수자를 중심으로 감염이 발생했고, 감염력이 약한 편이라는 사실이 제대로 알려지지 않아서 감염자에 대한 편견으로 차별하는 일이 만연했다. 일본에서도 언론매체가 감염자의 개인정보를 보도해 동네 주민들이 감염자가 누구인지 찾고 거주 지역을 차별하는 예가 잇달아 발생했다.

에이즈는 지금도 죽음에 이르는 병이라는 오해가 불식되지 않고 있으며 감염자에 대한 차별이나 편견이 문제가 될 수 있다. 하지만 적절한 치료를 통해 에이즈 발병을 거의 막을 수 있으며, 취업 시 고지할 의무도 없다. 보건소에서 익명으로 검사를 받을 수 있으므로 그럴 가능성이 있다고 판단되면 두려워하지 말고 검사와 치료를 받도록 하자.

치료제 때문에 HIV에 감염된 혈우병 환자들

혈우병을 치료하려면 혈액응고인자 농축제를 투여해야 한다. 1980년대에는 이 원료에 미국에서 판매한 혈액이 포함되어 있었다. 미국에서는 1983년부터 혈액 제제를 열처리하기 시작했다. 헌혈을 자주 하는 가난한 사람 중에는 간염이나 HIV에 감염된 사람들도 있었기 때문이다.

그러나 일본에서는 열처리 제품 승인이 2년 후로 지연된 탓에 감염 위험이 있음에도 불구하고 비가열 제품이 1988년까지 사용되었다.

당시에는 HIV 치료법이 없었을 뿐 아니라 상담 시스템도 갖추어져 있지 않았다. 그 때문에 혈우병을 치료하는 의사들 대부분이 HIV 감염 위험을 고지하지 않았고, 결과적으로 1,400명 이상이 감염되었다. 많은 혈우병 환자가 에이즈뿐만 아니라 C형 간염에도 감염되었으며 환자들은 에이즈 환자와 동일시하는 차별에 시달려야 했다.

점막과의 접촉을 피해야 감염을 막는다

현재 HIV는 성행위, 혈액, 모자감염(산모와 태아) 등 세 가지 경로로 감염되는 것으로 추정된다. 성행위로 인한 감염이 가장 많지만, 동성뿐 아니라 이성 간의 성관계로도 감염될 수 있다. 감염을 막으려면 피임 여부와 상관없이 점막과의 접촉을 피할 수 있도록 콘돔과 같은 도구를 사용해야 한다.

혈액을 매개로 한 감염은 의료환경이 여의치 않은 나라에서 주삿바늘이나 의료기구를 적절히 소독하지 않고 여러 명이 사용했을 때 일어난다. 일본의 경우 일회용 의료기구를 사용하므로 그럴 위험은 거의 없다.

선진국에서도 마약 주삿바늘을 함께 사용해 감염이 확산되는 사례가 있으므로 여행 중에 호기심에 약물에 손대는 일은 절대 없어야 한다. 또 의료 종사자가 실수로 에이즈 환자에게 사용한 바늘에 노출되었을 경우 항HIV제를 투여해 감염을 예방한다. 이것을 노출 후 예방법(PEP, post exposure prophylaxis)이라고 한다.

모자감염의 경우 일본에서는 임신 초기 혈액검사에 HIV 항체가 포함되어 있으며, 모자감염을 방지하는 예방대책과 조치가 확립되어 있으므로 검사와 조치를 제대로 실행한다면 감염될 확률은 매우 낮은 편이다.

덧붙여 HIV에 감염된 임산부는 1만 명 중 1명꼴로 추정된다. 그런데 임산부 HIV 검사에서 위양성(감염되지 않았는데 양성으로 나오는 경우)일 확률이 1만 명 중 30명 정도로 꽤 높아서 HIV에 감염되지 않았는데 1차 검사에서 양성이 나와 깜짝 놀라는 사람도 있다. 1차 검사에서 양성이 나왔다면 의사는 임산부가 차분히 2차 검사를 받을 수 있도록 적절하게 설명해야 할 것이다.

HIV바이러스 감염이 곧 에이즈 감염은 아니다

HIV에 감염되면 많은 경우 감기나 독감과 비슷한 급성 증상이 나타나는데, 감염 초기에는 항체 수가 늘지 않으므로 이 시기에 항체검사를 하면 음성이 나올 가능성이 있다. 그 후 5년에서 10년의 무증상기를 그대로 방치하면 면역세포가 서서히 감소하면서 에이즈가 발병하게 되는 것이다.

HIV는 레트로바이러스의 일종으로 면역세포의 DNA에 바이러스 유전자를 덧씌워서(역전사) 잠복한다. 그러므로 체내의 바이러스를 퇴치하기만 해서는 치료할 수 없고 바이러스의 역전사, 사람 DNA에 대한 바이러스 DNA 주입, 바이러스 단백질 합성 등을 방해하는 여러 가지 약을 장기간 복용해 바이러스가 증식하지 못하도록 막아야 한다. 그런 방법으로 에이즈가 발병하지 않게끔 통제하면 장기간 일상생활을 할 수 있다. 또 에이즈 근절을 위한 연구도 진행 중이며 치료법은 나날이 발전하고 있다.

한편으로 개발도상국에는 여전히 감염자가 많이 발생하며 대책을 세우거나 실행하는 것도 뒤처진 편이다. 치료제뿐 아니라 의료장비와 방호도구가 근본적으로 부족하다. 또 빈곤으로 인한 매춘, 낮은 피임기구 보급률, 여성의 사회적 지위가 낮아 대책을 실시하기 어려운 점이 많다. 선진국의 원조와 개발 활동으로 의료체제가 개선되기를 바란다.

17

'망국병'으로 알려진 결핵은 여전히 위험한 감염병일까?

젊은 나이에 목숨을 잃은 무사와 근대문학가

결핵은 19세기 후반부터 제2차 세계대전이 끝날 때까지 인구 10만 명당 200명 이상의 생명을 앗아간 전염병이었다. 지금의 암과 심장질환 사망률의 중간 정도이며, 1918년경 유행한 인플루엔자(스페인독감)를 제외하고는 사망률 1위를 차지해 왔다.

옛날에는 신센구미[10]의 조장이었던 오키타 소지(沖田総司), 사무라이인 다카스기 신사쿠(高杉晋作), 근대문학가인 히구치 이치요(樋口一葉)와 이시카와 다쿠보쿠(石川啄木)도 20대에 결핵으로 사망했다. 마사오카 시키(正岡子規)도 30대에 결핵으로 쓰러진 근대문학가다.

1882년 독일의 생리학자 로베르트 코흐(Robert Koch)는 결핵균을 발견했고 그 공로를 인정받아 1905년 노벨 생리의학상을 수상했다. 코흐는

10) 19세기 쇼군 경호와 교토의 치안 유지를 목적으로 만들어진 일본의 무사 조직.

1890년 결핵균에서 추출한 단백질을 항원으로 삼아 투베르쿨린이라는 결핵 백신을 만들었다. 원래 목적인 결핵 치료에는 별 도움이 되지 않았지만 결핵 감염진단에 활용하게 되었다.

제2차 세계대전 전에는 휴식과 영양 공급 외에는 별다른 방법이 없었기 때문에 결핵 치료를 위한 요양소가 곳곳에 있었다. 제2차 세계대전 후에는 항생제가 등장하면서 외과 수술이 가능해졌고, 1955년 이후에는 여러 종류의 항균제(항결핵제)를 사용해 결핵을 치료할 수 있었다. 그럼에도 치료 기간은 2~3년이나 걸렸다고 한다.

불안과 슬픔을 상징하는 질병으로 묘사된 결핵

젊은이들의 생명을 무참히 앗아가는 결핵의 끔찍함과 서글픔은 많은 작품을 만들어냈다. 스튜디오 지브리가 만든 <이웃집 토토로>(미야자키 하야오 감독)에도 주인공 메이의 엄마가 결핵으로 입원한다. 영화에 나오는 시치코쿠야마병원은 도쿄도 히가시무라야마시의 하치코쿠야마의 녹지를 그대로 옮겨 놓았는데, 지금도 영화처럼 울창한 숲이 남아 있다.

호리 다쓰오(堀辰雄)의 소설 『바람이 분다(風立ちぬ)』는 호리 본인이 주인공이며 결핵 환자를 위한 요양소가 무대다. 미야자키 하야오 감독의 2013년 동명 영화는 이 소설을 모티브로 하고 있다.

두 작품 모두 배우자를 결핵으로 잃은 부분은 같지만, 소설 『바람이 분다』에는 살아갈 의지가 있어도 그 의지를 관철할 수 있을지 모르는 불안감이 비친다. 반면 미야자키 감독의 영화에 나오는 슬로건 '살아야만

해'에는 그 막연한 불안감이 없다. 현대사회에는 치료법이 확립되어 있으므로 과거의 불안이 슬로건에서 사라진 것이다.

영유아에게만 실시되는 BCG 접종의 효과와 기대

지금도 결핵 예방을 목적으로 BCG 접종을 하고 있는데 예방접종에 사용하는 백신은 소를 감염시키는 우형 결핵균을 배양한 것이다. 이는 천연두의 종두가 우두(실제로는 소가 감염된 마두)를 이용한 것과 매우 유사하다.

오랫동안 영아에서 초중고생까지 투베르쿨린 반응검사와 BCG 접종을 해왔기 때문에 기억하는 사람도 많다. 투베르쿨린 반응검사는 2005년에 폐지되었다. 지금은 만 1세 이하의 영유아에게만 BCG 접종을 실시한다.

BCG 접종은 결핵 발병을 억제하는 것 외에 어린이가 쉽게 걸리는 결핵성수막염과 속립결핵 등의 중증화를 막는 데 도움이 된다고 한다. 일본의 결핵 발병률은 미국의 4배 정도지만 소아 결핵 발병률은 미국보다 낮다. 이것은 BCG 접종 덕분이라고 생각된다.

또 BCG 접종이 면역력을 강화하고 신종 코로나바이러스 감염병의 중증화를 막는다는 설도 있지만, 이 가설은 향후 검증이 필요하다.

꾸준한 관심과 주의가 요구되는 재흥 감염병

치료법이 어느 정도 확립되었음에도 결핵 감염률은 좀처럼 줄지 않았다. 오히려 1999년에는 결핵 환자의 유병률이 증가하면서 국가가 '결핵 비상사태'를 선포하기도 했다.

일본의 경우 2015년 결핵 유병률은 인구 10만 명당 14명으로 선진국 중 가장 높았고, 따라서 '결핵발생국'으로 지정되었다.11) 교육기관과 의료기관, 요양시설 등에서 집단 발생이 보고되었으며 바쁜 중장년층은 감염된 사실을 모르고 생활하다가 감염을 확산시킬 수 있으므로 일반인의 건강검진과 몸 상태가 좋지 않은 사람을 확실히 진찰하도록 홍보하고 있다.

결핵은 과거 사회의 지원을 충분히 받지 못하는 굶주리고 영양실조에 시달리는 사람들을 궁지에 몰았으며 지금도 빈곤층을 중심으로 퍼지고 있다. 도쿄의 노숙자와 일용직 노동자들 사이에서 결핵이 퍼지고 있으므로 확실한 대책과 지원이 필요하다.

2018년 기준, 전 세계에서 결핵에 걸린 사람은 연간 1,000만 명 이상이며 그중 160만 명이 사망한 것으로 추산된다. 남아시아, 동남아시아, 아프리카에서 발병률이 높을 뿐만 아니라 아프리카에서는 HIV 환자들 사이에 결핵 감염률이 증가하고 있고, 구 사회주의 국가들에서는 예방접종과 방역체계가 약화되면서 결핵 감염률이 상승했다. 따라서 전 세계적으로 재흥감염병에 대한 대책이 시급한 상황이다.

---

11) 2021년 3월 23일 한국 질병관리청의 보도에 따르면, 2020년 신규 결핵 환자 1만 9,933명(38.8명/10만 명)으로 전년 대비 16.3% 감소했다. 이는 2000년 결핵 감시체계 운영 이래 최초로 1만 명대로 진입한 수치이며, 2011년 3만 9,557명(78.9명/10만 명) 이후 연평균 7.3%씩 감소하고 있다.

18

황열바이러스로 쓰러진 노구치 히데요의 연구

9억여 명은 지금도 황열병의 위험에 노출되어 있다

황열병은 아프리카와 남아메리카 열대 및 아열대 지역에 유행하는 바이러스성 감염병이다. 병원체인 황열바이러스를 가진 숲모기에게 쏘이면 감염된다.

잠복기는 3~6일이며 주요 증상은 발열, 두통, 오한, 근육통, 척추통, 메스꺼움, 구토 등이다. 환자의 약 15%가 발병한 지 몇 시간에서 하루 정도 지나면 증상이 약해졌다가 다시 고열이 나고 황달과 출혈 증상이 진행되면서 쇼크나 다발성 장기부전에 이를 수 있다. 중증화되면 사망률이 20~50%에 도달한다.

황열병이라는 병명은 고열 후 심한 간 손상을 동반한 황달이 나타난다고 해서 붙었다. 특별한 치료제는 없으며 예방 차원에서 유행지에서 매개가 되는 숲모기 등의 각다귀속(屬)을 퇴치하고 이들 전염병 지역을 여행할 때는 황열 백신을 접종해야 한다.

전 세계 약 9억 명이 위험에 처한 것으로 추산된다. 정확한 발생 수는 명확하지 않지만 WHO는 연간 8만~17만 명의 환자가 발생하고, 최대 6만 명이 사망하는 것으로 추정하고 있다.

황열병 연구로 유명한 비운의 세균학자 노구치 히데요

노구치 히데요(野口英世)는 세계에서 가장 유명한 일본인 중 한 명이다. 노구치는 2004년부터 1,000엔 지폐에 인쇄된 최초의 과학자(세균학자)였다.

1876년 후쿠시마현 오키시마무라(현 이나와시무라)에서 가난한 농민의 아들로 태어나 어릴 때 왼손에 심한 화상을 입었으나 의술 개업 시험에 합격하고 1900년 미국으로 건너갔다. 그는 록펠러 의학연구소에서 세균학 연구에 종사하다가 1928년 영국령 골드코스트(현 가나공화국)의 수도 아크라에서 연구 대상인 황열병으로 사망했다. 그의 나이 51세였다.

노구치는 200편이 넘는 논문을 발표했다. 그러나 그가 사망한 후 대부분의 연구 성과는 부정되었다. 예를 들어 1911년 매독의 병원체인 스피로헤타(Spirochaeta)를 순수 배양하는 데 성공했다는 보고로 세계적으로 유명해졌지만 후속 검사가 성공하지 않아 재현할 수 없었다. 그는 세균 사냥꾼으로서 자신의 일에 매진했다. 1926년에는 페루의 악성 풍토병 오로야열 병원체의 순수 배양에 성공해 페루 사마귀병의 병원체가 오로야열과 동일하다는 사실을 밝혀냈다.

하지만 그가 열정적으로 임했던 황열병 연구는 연구자로서의 명예를 실추시켰다. 이미 1898년 독일의 세균학자 프리드리히 뢰플러(Friedrich Löffler)와 파울 프로쉬(Paul Frosch)가 소의 구제역 체액에서 나온 병원체가 유약을 바르지 않고 초벌만 구운 도기로 만든 여과기를 통과하는 것을 발견하고 그것을 '여과성 병원체'라고 불렀다. 그들은 그것을 작은 세균으로 생각했다. 노구치도 황열병의 병원체는 여과성이지만 어디까지나 작은 세균이라고 믿었다.

그러나 사실 1918년 노구치가 발견한 병원체는 매독의 원인인 스피로헤타(세균)의 한 종류였다. 그가 연구한 것은 황달출혈성렙토스피라에 의한 바일병(Weil's disease)이었던 것이다.

남아프리카공화국의 미생물학자 막스 타일러(Max Theiler)는 황열병의 병원체가 실험실에서 쥐를 이용해 늘릴 수 있는 바이러스라고 생각하고 1930년 <사이언스>지에 발표했다. 1937년에는 황열병 백신을 소개했다. 그리고 황열병을 일으키는 바이러스에 효과적인 백신을 개발한 공로를 인정받아 1951년 노벨 생리의학상을 수상했다.

타일러는 노구치가 발견한 병원균이 황열병과는 아무 상관이 없는 바일병의 병원체임을 입증했다. 황열병 바이러스를 발견한 과학자들은 여과기를 통과한 액체를 이용해 원숭이에게 황열병을 감염시키는 데 성공했다. 그러나 노구치는 자신이 발견한 스피로헤타야말로 황열병의 병원체라며 자신의 주장을 굽히지 않았다.

1927년 10월 22일 노구치는 '승리를 쟁취하느냐 아니면 죽느냐'라는 말을 남기고 아프리카로 떠났다. 몇 달간 그는 황열병의 병원체를 찾았다. 그리고 1928년 5월 21일 가나의 수도인 아크라에서 황열병에 걸려 쓰러졌다. 연구 기록은 전혀 남아 있지 않았다.

노구치는 '바이러스학의 시대가 오기 직전에 사라진 비극적 세균학자'라고 해석되기도 한다. 한편 세균학자 중 상당수는 적어도 그가 연구한 질병이 세균에 의한 것이 아니라는 사실을 명확히 밝힐 수 있는 시대였으므로 그가 데이터를 위조하거나 조작했다는 평가를 받아도 어쩔 수 없는 일이라고 생각하는 듯하다.

세균이 아닌 것으로도 병이 생길 수 있다?

노구치도 황열병의 병원체가 '여과성 병원체'라고 인정했다. 하지만 그는 자신이 관찰한 여과성 병원체가 광학 현미경으로는 절대로 포착할 수 없는 크기일 것이라고는 상상하지 못했을 것이다.

여과성 병원체는 '여과성 바이러스'라는 이름이 붙었다. 바이러스는 원래 라틴어로 독이라는 뜻이다. 하지만 사람들은 여전히 그것을 초소형 크기의 세균이라고 생각했다.

미국의 생화학자 웬들 스탠리(Wendell Stanley)는 여과성 바이러스가 세균이 아니라는 것을 결정적으로 밝혀낸 사람이다. 1935년 스탠리는 담뱃잎에 생기는 담배모자이크병의 여과성 병원체를 확보하는 데 성공했다. 처음으로 단리(미생물 집단에서 특정 미생물을 분리해 배양하는 것)된 바이러스였다. 스탠리는 이 업적으로 1946년 노벨 화학상을 수상했다.

19

역사상 가장 두려운 질병 - 천연두

천연두로 한쪽 눈을 잃은 애꾸눈의 영웅

독안룡(獨眼龍)이란 '애꾸눈의 영웅'이라는 뜻이다. 일본 전국 시대 무장으로 알려진 다테 마사무네(伊達政宗)는 1601년 센다이 성을 짓고 초대 센다이 번주로서 여러 나라와 교류하고 영토를 발전시키려는 노력으로 유명했다. 무엇보다 독안룡이라는 별칭이 따라붙었던 인물로도 잘 알려졌다. 아주 어렸을 때 천연두에 걸려 오른쪽 눈을 실명했기 때문이다.

천연두는 치사율이 20~50%에 이를 정도로 매우 높으며 회복된 후에도 심한 흉터를 남긴다. 피부에 흉터가 남아 있으면 곰보 자국이 되고 눈에 미치면 실명한다. 19세기까지 천연두는 일본인의 실명 원인 중 1위를 차지했다. 두 눈을 실명하는 경우가 많았다고 하니 마사무네는 그나마 행운이었다고 해야 할지도 모른다.

높은 치사율로 공포의 대상이었던 천연두바이러스

천연두를 일으키는 바이러스는 지름이 200~450nm(0.0003~0.0004mm)로 바이러스 중 가장 큰 부류에 속한다.

천연두는 사람에게만 감염되는 질병으로 바이러스를 포함한 분비물이나 고름, 딱지가 입이나 코를 통해 들어가면 입과 목의 점막에서 증식한 뒤 림프절까지 도달한다. 림프절에서 증식한 바이러스는 혈류를 타고 폐, 비장, 간으로 침입해 증식을 반복하면서 피부 표면에 도달해 발진을 유발한다. 만약 이 바이러스가 눈에 들어가 증식하면 실명에 이른다.

바이러스가 체내에 침입하고 나서 고열이나 복통, 발진과 같은 증상이 나오기까지의 며칠간, 즉 잠복기간은 약 7~16일(평균 12일)이다. 직경 5~10mm나 되는 발진 내부의 액체에는 천연두바이러스가 가득 차 있다.

이 발진은 그 뒤 고름이 섞인 농포가 되었다가 검은 딱지로 변한다. 딱지가 완전히 떨어지기 전까지는 다른 사람을 감염시킬 위험이 있으므로 격리해야 한다. 환자가 사용한 옷이나 이불로 감염될 수도 있기 때문이다.

인구 구성에 영향을 미칠 정도로 막강했던 천연두의 위협

천연두는 오랫동안 사람들을 괴롭혀 왔다. 고대 이집트 제20왕조 제4대 파라오였던 람세스 5세의 미라에는 천연두로 생긴 두흔이 남아 있다. 또 1521년 아즈텍제국과 1572년 잉카제국이 붕괴한 것은 침략자인 스페인 사람들이 원주민들에게 천연두를 옮겼기 때문이라고도 한다. 예를 들어 잉카제국에서는 인구의 60~94%가 천연두로 사망했다고 추정된다.

천연두는 북미로도 유입되어 수많은 원주민을 죽음에 이르게 했다. 당시 원주민인 아메리카 인디언은 천연두에 대한 면역력이 없었으므로 이 병원체에 전혀 저항하지 못했다.

그래서 콜럼버스가 미대륙에 도착했을 때는 약 7,200만 명에 이르던 남북 양 대륙의 인구도 1620년경에는 60만 명까지 엄청나게 감소했다. 천연두와 같은 감염병과 침략전쟁이 원인이었다. 또 18세기 유럽에서만 100년 동안 6,000만 명이 천연두로 사망했다고 추산된다.

일본에서는 735~738년 사이에 천연두가 대유행했고 당시 일본의 수도였던 헤이조쿄(平城京)에는 정권을 장악했던 후지와라 가문의 네 형제가 이 병으로 연이어 사망했다. 그 외 많은 고위 관직자가 사망해 조정의 정치는 대혼란에 빠졌으며 나라현에 있는 대불상도 천연두 유행이 종식되기를 기원하며 지어졌다고 한다.

의학사(史)를 전공한 게이오기주쿠대학 경제학부 교수 스즈키 아키히토(鈴木晃仁)에 따르면 일본에서는 전국 시대(15세기 중반~16세기 후반)에는 5년에 한 번꼴, 에도 시대(17~19세기)에는 30년에 한 번꼴로 천연두가 유행했다. 에도 시대의 천연두는 대부분의 어린이가 걸리는 소아병으로 기승을 부렸기 때문에 당시 인구 구성에 큰 영향을 미쳤다.

새로운 병원체에 대응하기 위한 예방접종의 시작

근대의학이 성립하기 전부터 사람들은 천연두가 강한 면역성을 가진다는 것을 경험적으로 깨달았다. 기원전 1000

년경에는 인도에서 인두법이 실시되었다고 한다. 인두법은 천연두 환자의 고름을 건강한 사람에게 접종해 가벼운 천연두를 앓게 함으로써 면역력을 갖게 하는 방법이다. 이 경우 환자의 고름은 독성을 희석하기 위해 건조시킨 뒤 쓰였다.

인두법은 18세기 초반 영국에 이어서 미국에도 도입되었고 천연두 예방에 큰 공을 세웠지만, 당시 예방접종을 받은 사람의 몇 퍼센트는 증상이 심각해져 사망하기도 했다.

안전한 천연두 예방법은 1796년 영국인 의사 에드워드 제너가 창안했다. 제너가 의사로 일했던 때, 농민들 사이에서는 '소젖을 짜다가 자연스럽게 우두에 걸린 사람은 그 후 천연두에 걸리지 않는다'는 믿음이 퍼져 있었다. 우두는 천연두보다 훨씬 안전한 질병이었기 때문에 제너는 우두가 천연두 예방에 적용될 수 있는지에 대해 연구를 계속했다.

1796년 5월 14일 제너는 마침내 그의 집 하인의 아들인 8세 소년에게 우두 고름을 접종했다. 소년은 미열과 불편함을 호소했지만 심각한 증상은 보이지 않았다. 6주 후 제너는 그 소년에게 천연두 고름을 접종했다. 제너가 예측했듯이 그 소년은 천연두에 걸리지 않았다.

천연두 예방접종을 시작으로 19세기 말에는 광견병, 장티푸스, 콜레라, 페스트에 대한 예방접종이 시작되었다. 예방접종은 우리 몸이 새로운 병원체에 대비할 수 있게 해주었다. 우두바이러스와 천연두바이러스의 DNA 염기서열은 매우 비슷하기 때문에 두 바이러스의 모양과 특성도 매우 비슷하다. 일단 우두바이러스를 기억한 우리 몸은 이후 우두바이러스뿐 아니라 이와 매우 유사한 천연두바이러스의 침입을 인지하면 즉시 물리칠 수 있게 되었다.

인류가 근절시킨 유일한 인간감염병

제너가 개발한 천연두 예방접종은 서구 각국으로 빠르게 퍼졌고, 1810년 나카가와 고로지(中川五郎治)에 의해 러시아를 통해 일본에도 소개되었다. 그러나 나카가와는 종두법을 비술(祕術)로 취급했기 때문에 아는 사람은 소수에 그쳐 널리 보급되지 않았다.

일본에서 본격적으로 천연두 예방접종이 보급된 것은 1849년이었다. 백신은 무독화 또는 약독화된 병원체다. 백신을 접종하면 체내에 그 병원체에 대한 항체가 생성되어 감염병에 대한 면역력을 얻을 수 있다. 이후 일본 전국에서 천연두 백신 접종, 즉 종두가 실시되었다.

천연두는 사람 이외의 동물에게는 감염되지 않고 종두로 완전히 예방할 수 있었기 때문에 WHO가 주도하는 천연두 근절 프로젝트에 의해 1977년 이후에는 세계 어느 나라에서도 발병 사례가 나오지 않았다.

마침내 1980년 5월 8일 WHO는 천연두 세계 근절 선언을 발표했다. 1958년 WHO 총회가 천연두 근절을 제안한 이후 이 목표를 달성하기까지 22년이라는 세월이 걸렸다.

2020년 현재, 천연두는 인류가 근절시킨 유일한 인간감염병이다. 지구상에서 근절되었다고는 하지만 천연두로 인해 전멸한 부족이 있을 정도로 천연두는 무서운 병이다. 그래서 일본은 바이오테러에 대비해 국가적으로 천연두 백신을 비축하고 있다.

20

우리 주변에 가득한 식중독을 유발하는 미생물

식중독은 감염성 설사의 대표 주자

사람들의 일상과 가장 가깝고 가장 빈번하게 일어나는 감염병은 세균과 바이러스에 의한 식중독일 것이다. 식중독은 인류의 역사와 항상 함께했다.

식중독의 원인은 미생물(세균, 곰팡이나 바이러스), 천연 독물질, 화학물질 등 크게 세 가지로 나뉘는데 그중 미생물이 가장 많은 영향을 미친다. 과거와 달리 오늘날의 식품은 저염분, 저당도가 많으므로 미생물이 번식할 가능성도 더 높아졌다.

우리 주위에는 항상 식중독에 걸릴 위험이 도사리고 있다고 해도 과언이 아니다. 사실 식품 안전에서 가장 중요한 것은 식중독을 예방하는 것이다.

일본 후생노동성에 보고된 식중독은 연간 1,000건 안팎이다. 2019년까지 3년 동안 연간 1,000여 건이 보고되었으며, 환자 수는 1만 3,000~1만 7,000명 정도였다. 감염 원인별 환자 수를 살펴보면 그 상위 6위는 다음

원인별 식중독 발생 건수

원인균 · 바이러스	2019년	2018년	2017년	3년 합계
노로바이러스	6,889	8,475	8,496	23,860
캄필로박터 · 제주니/콜리	1,937	1,995	2,315	6,247
웰치균	1,166	2,319	1,220	4,705
살모넬라균	476	640	1,183	2,299
포도상구균	393	405	336	1,134
기타 병원대장균	373	404	1,046	1,823
장관출혈성대장균 (VT 생산)	165	456	168	789
셀레우스균	229	86	38	353
합계	11,628	14,780	14,802	41,210

출처: 일본 후생노동성 <식중독 발생 상황>(2017~2019년)

표와 같으며 이 병들의 세균과 바이러스에 의한 환자가 전체의 대부분을 차지했다.

이유 없이 몸이 안 좋은 이유는 식중독 때문일 수도 있다

일본의 경우 식중독에 대한 통계는 환자를 진단한 의사가 보건소에 보고하고, 보건소에서 도도부현의 식품위생 주관 부서, 식품위생 주관 부서에서 후생노동성으로 보고한 내용을 집계한 것이다. 병원에 가지 않았거나 병원에 갔어도 그 사실을 의사가 보건소에 보고하지 않으면 통계에 반영되지 않는다.

미국에서는 식중독의 실제 발생 상황을 추정하기 위해 능동적이고 적극적인 역학조사를 하고 있다. 이에 따르면 20세기 말 식중독 환자는 연간 650만~3,300만 명으로 추정된다. 미국의 인구는 일본의 거의 2배 수준이므로 이 수치를 일본에 적용하면 일본은 미국의 절반 정도라고 추정할 수 있다. 대략 한 해에 300만에서 1,000만 명 이상이라고 생각해도 과장이 아닐 것이다.

감기나 냉증인 줄 알았는데 실은 그것이 식중독이었을 수도 있다. 가정에서 식중독이 발생하면 증상이 경미하거나 발병하는 사람이 한둘에 그쳐 알아차리기 어렵다. 그래서 식중독인 줄 모르고 지내다가 증상이 악화되거나 사망에 이르는 경우도 있다.

겨울철 식중독의 주범인 노로바이러스

노로바이러스는 바이러스 중에서도 크기가 비교적 작은 편으로 굴과 같은 조개류에 의한 식중독을 일으킨다고 알려져 있다. 겨울에 많이 발생하며, 특히 12월부터 이듬해 1월까지 환자 수가 가장 많다.

과거에는 '식중독은 여름에 많이 발생하므로 여름에는 식중독을 조심하라'고 했지만 겨울철 노로바이러스 식중독 환자가 가장 많이 발생하는 것을 보고 인식이 바뀌었다. 겨울에 흔한 이유는 굴이 겨울 음식이기 때문이다.

노로바이러스가 있는 생굴을 먹고 식중독에 걸리는 것 외에도 감염된 사람의 배설물이나 토사물, 또는 그것들이 건조된 것에서 나오는 먼지에 붙은 노로바이러스에 의해 입으로 감염되는 2차 감염도 있다.

감염되면 비세균성 급성위장염을 일으켜 설사(물똥)나 구토(돌발성) 증상이 나타난다. 때로는 복통, 발열이 동반된다. 잠복기간은 1~2일 정도라고 한다.

소독용 알코올은 내성이 강하기 때문에 흐르는 물로 헹구는 것이 가장 좋다. 또 굴 등의 조개류는 85~90℃의 중심온도에서 90초 이상 가열하고, 조리기구는 끓는 물이나 차아염소산나트륨으로 소독한다. 식중독 예방은 '철저한 손 씻기'와 '철저한 열소독'이 원칙이다.

냉장 보관에도 식중독의 위험은 존재한다

캄필로박터균 식중독은 장에 이 세균이 살고 있는 가축(소, 돼지, 닭)과 반려동물(개, 고양이)의 배설물에 오염된 식품이나 물을 통해 사람에게 감염되어 발생한다. 잠복기간은 2~7일이며 설사, 복통, 발열 등의 증상을 보인다. 대변에 피가 섞여 있는 경우가 많다. 또한 이 세균은 저온에 강해서 4℃에서도 오랫동안 생존한다. 그러니 냉장고를 너무 믿지 않도록 하자.

사실 세균과 바이러스에 의한 식중독은 냉장고 보관만으로는 막을 수 없다. 냉장고는 살균 기능이 없기 때문이다. 냉장고는 세균이나 바이러스가 증가하는 것을 막는 데는 효과적이지만 이미 있는 세균과 바이러스를 해치울 수는 없다는 점을 명심하자.

일반 가정보다 업소에서 더 발생하기 쉬운 식중독

웰치균은 흙이나 물속, 건강한 사람, 소, 닭, 물고기 등 동물의 장내와 같이 자연계에 널리 분포한다. 이 세균은 장내에서 증식해 아포(芽胞)를 만들 때 독소를 배출해 발병한다. 웰치균의 아포는 열에 강해서 가열로 인해 다른 세균이 죽는 환경에서도 살아남는다. 업소용 냄비처럼 큰 냄비는 혐기성 환경이 되고 조리 후 자연적으로 열이 식어 50℃ 이하가 되면 아포에서 균이 발아해 증식하기 시작한다.

그러므로 큰 업소용 냄비에 대량으로 가열 조리한 후 그대로 실온에서 방치했다가 다음 날 그 음식을 먹어서 탈이 나는 경우가 많다. 가정에서는 다른 식중독에 비해 발생률이 낮은 편이다.

저온과 건조한 환경에 강한 살모넬라속균

살모넬라는 자연계에 널리 분포하며 사람, 가축, 파충류, 조류 등에 감염되는 '인수공통감염병'을 유발하는 세균이다.

살모넬라속균은 열에 약해서 완전히 열소독을 하면 식중독을 예방할 수 있다. 그러나 실제로는 가열이 불충분해서 균이 죽지 않거나 2차 오염으로 인해 식중독이 발생하는 경우가 많다.

살모넬라속균은 저온과 건조한 상태에 강하기 때문에 오랫동안 살아남는다. 주요 원인이 되는 식품으로는 소, 돼지, 닭 등의 식육과 달걀을 꼽을 수 있다. 달걀은 신선하고 깨지지 않은 상태의 것을 골라야 한다.

달라붙지 않게, 늘지 않게, 씻어내고, 철저히 소독하기

세균이나 바이러스에 의한 식중독 중 상당수는 진공 보존으로 균의 증식을 억제하거나 열소독으로 살균하면 효과적으로 예방할 수 있다. 그러나 황색포도구균의 독소처럼 열에 강하거나 보툴리누스균처럼 진공 상태에서 발생하는 것도 있으므로 원인이 되는 세균과 바이러스를 '달라붙지 않게 하고' '늘리지 않고' '씻어내며' '철저히 소독하는' 것이 무엇보다 중요하다.

냉장고와 냉동고는 '세균이나 바이러스가 증식하지 않게' 하는 효과가 있지만 살균이 되는 것은 아니므로 임시 보존이라고 생각하자.

또 살균와 항균은 완전히 별개의 개념이므로 항균을 과신하지 말아야 한다. 고추냉이, 생강, 녹차(카테킨) 등은 항균성이 있지만 살균성은 없다. 알코올 소독을 한다며 술을 마시는 사람이 있는데 알코올이 듣지 않는 종류의 균과 바이러스도 있다는 점을 잊지 말자.

3

생활에 도움이 되는 미생물

21

발효와 부패의 차이점

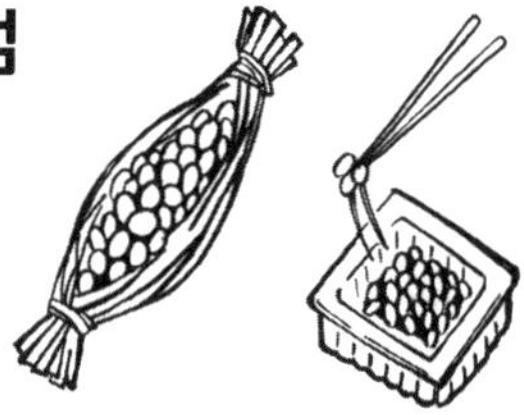

발효식품 낫토를 대하는 세계 각국의 표정

"어휴, 냄새가 왜 이렇게 고약하지? 끈끈하고 지독한 냄새 때문에 이게 음식인 줄 몰랐어요." (40대 초반 인도 남성)

"낫토를 두고 종종 지독한 냄새가 난다고 하는데, 막상 먹을 때는 별로 심하지 않아요. 맛도 예상했던 것보다 훨씬 좋았어요. 문제는 먹을 때의 그 끈끈함이죠. 속이 메슥거려요." (30대 초반 이탈리아 남성)[12]

처음으로 낫토를 보거나 먹는 외국인들은 주로 이렇게 느끼는 모양이다. 일본인에게 낫토는 매일 같이 먹는 맛있는 음식이지만 익숙하지 않은 사람들은 일본인이라도 외국인처럼 느낄지도 모른다.

---

12) 마이내비뉴스(マイナビニュース) <낫토를 처음 먹어 본 소감은 어떻습니까? 일본에 사는 외국인들에게 물어보았다>(2017년 1월 5일 발행)

인간에게 미치는 영향을 기준으로 정의되는 발효와 부패

음식을 방치하면 겉모습, 냄새, 맛이 점차 바뀌어 결국 먹을 수 없게 된다. 이것은 음식에 있는 단백질이나 탄수화물 등의 성분이 미생물에 의해 분해되기 때문이다. 이런 현상을 부패라고 한다. 부패의 전형적인 예는 생선과 고기의 단백질이 미생물에 의해 분해되어 암모니아와 같은 썩는 냄새를 내는 것이다.

한편 발효도 미생물의 작용으로 음식의 성분이 점차 분해되는 현상이다. 요구르트와 술처럼 당이 분해되어 젖산과 알코올 등이 생성되는 경우를 생각하면 이해하기 쉬울 것이다.

이렇게 말하면 단백질 분해가 곧 부패이고 당 분해는 발효라고 생각하기 쉽지만, 그렇지 않다.

부패는 단백질을 많이 함유한 음식에서 종종 보이는데 쌀이나 채소, 과일에서도 흔히 볼 수 있는 현상이다. 또 원료가 같아도 찐 대두에 낫토균을 번식시켜 낫토를 만드는 경우에는 발효라고 부르지만, 삶은 콩을 내버려두었다가 낫토균이 번식해 끈적해지면서 암모니아 냄새가 나는 상태가 되면 부패라고 부른다.

유산균도 마찬가지다. 요구르트와 된장을 만들 때는 발효라고 하지만 청주에서 증식하면 부패라고 하며 외면당한다.

이처럼 부패와 발효의 차이점은 미생물의 종류와 생성물질에 근거하지 않는다. 미생물의 작용이 인간 생활에 유익하면 발효, 유해하면 부패라고 하는 것이다. 따라서 낫토는 그 음식을 좋아하는 사람에게는 발효식품이지만 싫어하는 외국인에게는 단순히 썩은 음식일 뿐이다. 물론 낫토가 유해식품은 아니므로 썩었다고 표현하는 것은 적절하지 않다.

발효와 부패의 차이점을 정리하자면 다음과 같다.

- 발효 : 미생물의 활동으로 음식이 인간에게 유용하게 변하는 것
- 부패 : 미생물의 활동으로 음식이 인간에게 유해하게 변하는 것

부패와 식중독

음식이 부패하면 본래의 색깔이나 맛이 손상되어 먹을 수 없게 되지만, 그런 상태가 되어도 그 음식에 식중독을 일으키는 세균이나 바이러스가 없으면 설사나 구토와 같은 특별한 증상은 보이지 않는 경우가 많다.

반면 식중독을 일으키는 세균이나 바이러스는 음식이 썩지 않아도 증식할 수 있다. 식중독 사례의 대부분은 겉모습이나 냄새가 전혀 변하지 않은 음식을 섭취함으로써 발생하고 있다.

다만 썩은 음식은 다양한 세균이 증가하기 쉬우므로 만약 그 음식에 식중독을 일으키는 세균이나 바이러스가 붙어 있으면 증식했을 가능성이 크다.

우리가 사는 지구상의 곳곳에 미생물이 서식한다. 미생물이 없다면 음식뿐만 아니라 생물의 사체가 썩지 않고 영원히 쌓여 갈 것이다. 그러면 지구는 죽은 생물의 사체로 가득해지고 결국 물질의 순환이 멈추게 될 것이다. 부패는 나쁜 현상처럼 보이지만 실은 지구상의 모든 생물에게 없어서는 안 될 미생물의 작용이다.

22

와인, 맥주, 청주(일본주)와 효모

미생물이 만들어낸 포도주스의 드라마틱한 변화

1879년 프랑스인 루이 파스퇴르(Louis Pasteur)는 와인이 효모라는 미생물의 생물학적 활동의 결과임을 발견했다.

효모는 생물의 분류로 말하면 곰팡이나 버섯과 같은 '균류'에 속한다. 지금까지 1,000여 종의 효모가 발견되었다. 빵 만들기에 사용하는 시판 건조 효모(드라이 이스트)를 떠올리면 이해하기 쉬울 것이다.

효모의 발효

① 30℃ 정도의 미지근한 물 100cc를 준비한다.

② 거기에 설탕 1큰술, 드라이 이스트를 1g 정도 넣는다.

③ 2시간 정도 놓아두면 효모가 점차 활발하게 분열하기 시작한다.

현미경으로 살펴보자. 단세포생물이며 지름이 약 5~10μm(마이크로미터, 0.005~0.01mm)이므로 육안으로는 볼 수 없다. 식물세포와 같이 세포막의 바깥쪽에 세포벽을 갖고 있다. 또 세포막 안쪽에는 DNA가 가득한 핵과 미토콘드리아, 액포가 있다.

효모는 당분을 먹이로 하며 당분이 없으면 활동하지 않는다. 효모는 체내에 주입한 당분을 분해해 알코올과 이산화탄소를 밖으로 배출한다. 이 과정을 알코올발효라고 부른다. 이렇게 효모라는 미생물의 작용으로 당분이 함유된 액체가 알코올이 든 술로 변한다. 예를 들어 와인은 효모의 작용으로 포도주스가 변한 것이다.

알코올발효를 하면 알코올뿐 아니라 이산화탄소도 생성되지만, 이산화탄소는 기체이므로 밀폐 상태에서 발효시키지 않는 한 점점 빠져나간다. 그러므로 맥주 등 탄산이 든 술은 기본적으로 밀폐 상태에서 발효시켜야 한다.

발효주에서 시작된 다양한 술 빚기의 역사

술 중에 가장 오래된 역사를 지닌 술은 무엇일까? 바로 와인이다. 와인은 기원전 4000년경부터 메소포타미아 지역 사람들이 마셨다. 당시 이라크 북부의 티그리스 강과 유프라테스 강으로 둘러싸인 메소포타미아에는 수메르인이 인류 최초의 선진 문명을 건설했다. 수메르인들은 포도알을 으깨어 와인을 만들었다.

또 기원전 17세기부터 기원전 14세기까지 그리스인들도 포도를 통에 넣고 발로 밟아서 낸 주스를 자연 발효시켜 술을 빚었다고 한다.

포도가 아니더라도 다른 과일의 즙에 당분이 있으면 효모가 활동하면서 알코올이 발효된다. 하지만 포도 이외의 과일로 만든 술은 포도만큼 당이 많지 않기 때문에 알코올의 양이 적거나 풍미와 맛이 좋지 않아 매력이 떨어진다고 여긴 것으로 보인다.

다음으로 오래된 것이 맥주다. 이것도 기원전 3000년경 메소포타미아 지역에서 만들어졌다는 기록이 남아 있다.

런던의 대영박물관에는 당시의 석판이 소장되어 있는데, 그 석판에는 농사와 치유의 신 닌우르타(Ninurta, 닌우르)에게 바치는 맥주 제조 모습이 쐐기문자로 새겨져 있고, 가운데에는 절굿공이로 보리 껍질을 벗기는 인물이 그려져 있다.

일본 술은 나라 시대(700년대)에 편찬된 『파마국풍토기(播磨国風土記)』의 기록으로 미루어 이미 그 시기에 제조 방법이 확립된 것으로 추정된다.

또 위스키와 같은 증류주는 와인이나 맥주에 비하면 훨씬 늦게 등장했다. 증류주에 관한 최초의 기록은 11세기 초 이탈리아 남부에서 의사들이 만든 의약용 알코올이었다고 한다.

맥주의 원료인 보리에는 당분이 없다

술의 원료는 다양한데 포도를 사용하는 와인을 제외하면 맥주, 위스키, 일본주, 소주 등 대부분의 술은 쌀이나 보리 같은 곡물이 원료다. 하지만 쌀과 보리의 주성분은 전분이다. 효모균의 먹이인 당분이 없는데 어떻게 알코올발효를 할 수 있었을까? 이것은 전분을 당분으로 분해시켰기에 가능했다.

이런 식으로 당분을 만드는 것을 '당화'라고 한다. 맥주와 위스키의 원료인 보리를 '맥아'(보리를 약간 발아시킨 것)로 만드는 이유는 맥아 상태에서 전분을 분해하는 효소가 많이 생성되어 쉽게 당화되기 때문이다.

일본주와 소주 등 일본의 전통주는 예로부터 누룩곰팡이를 이용해 원료인 쌀이나 보리를 당화시켰다. 술을 빚을 때 이용하는 누룩곰팡이는 아밀라아제라는 효소를 생성해 전분을 당으로 바꾼다. 이것으로 드디어 효모가 알코올발효를 할 수 있는 환경이 만들어진다.

잘 알려진 술 중 당화하지 않아도 되는 것은 와인이 유일하다. 왜 와인이 세계에서 가장 오래된 술인지 이해할 수 있는 대목이다.

술의 개성과 품질을 좌우하는 다양한 효모의 세계

앞서 말했듯이 효모의 종류는 자연계에 1,000여 종류나 될 만큼 많다.

와인 효모는 와인을 만드는 데 사용하는 효모다. 와인의 원료인 포도에 와인 효모가 달라붙은 상태로 내버려두면 효모가 자연스럽게 알코올을 발효시키지만, 그래서는 좀처럼 양질의 와인을 생산하기 어렵다. 어떤 와인 효모를 사용할지, 또 그 작용을 어떻게 조절할지가 와이너리의 솜씨를 보여 주는 대목이라고 할 수 있다.

맥주 제조에 사용하는 맥주 효모는 크게 상면발효 효모와 저면발효 효모로 나뉜다. 일본의 맥주는 낮은 온도에서 발효시키는 저온 발효 효모가 주류를 이룬다. 색깔이 옅고 투명한 맥주가 생기는 것이 특징이다.

한편 비교적 고온에서 발효시키는 것이 상면발효 효모다. 영국의 에일, 독일의 바이젠 등의 맥주 제조공장에서 사용되는데 과일, 꽃과 같은 독특한 향기를 가진 맥주를 만들 수 있다. 상면발효 효모는 당을 다 먹어치우고 발효가 끝날 무렵 위쪽으로 떠오른다고 해서 이런 이름이 붙었다. 반면 저면발효 효모는 발효가 끝날 때 효모가 응고되고 가라앉기 때문에 이렇게 이름이 붙었다.

일본술에 이용되는 효모는 청주 효모(세이슈 효모)다. 청주 효모도 종류가 많아 예로부터 일본술 제조에서는 공기 중에 떠다니는 '야생 효모'와 양조장에 떠다니는 '창고 효모'를 도입해 술이 만들어졌다. 따라서 각 양조장의 맛과 특성이 매우 달랐고 같은 양조장 내에서도 해마다, 심지어 통마다 차이가 있었다. 또 잡균이 번식해 술의 품질이 망가지는 경우도 많아 매년 20% 정도는 제품으로 팔지 못하고 버려졌다.

메이지 시대(19세기 후반~20세기 초)가 되자 발효에 효모가 관여하는 것이 밝혀지고 양조장별로 해마다 크게 편차가 있었던 품질을 안정시켰다. 발효 과정에서 잡균에 의한 오염으로 술이 망가질 위험을 줄이기 위해 우수한 효모를 선별해 각 양조장에 나누어 주는 시스템이 구축되었다.

일본에서는 매년 전국에서 새로운 술을 평가하는 '신주 품평회'가 열리는데 이곳에서 우수하다고 인정된 양조장의 효모를 분리·순수 배양한다. 이렇게 해서 일본 전국의 양조장이 그 효모를 이용해 술을 만들 수 있다.

발효 과정만을 거친 양조주에는 원재료의 풍미가 살아 있다

알코올발효로 만들어지는 술의 알코올 도수에는 상한선이 있다. 기본적으로 20도 이상의 알코올은 만들 수 없다. 알코올 도수를 더 높이려면 증류라는 작업을 거쳐야 한다.

맥주와 와인, 일본술 등 증류 과정을 거치지 않는 술을 양조주라고 한다. 발효만 시키는 양조주는 원재료의 풍미를 살릴 수 있는 이점이 있지만 알코올 도수는 5~15도 전후, 또는 더 낮은 것도 있다.

참고: 일본주조조합중앙회(日本酒造組合中央会) https://www.japansake.or.jp
아사히맥주(アサヒビール) https://www.asahibeer.co.jp
일본술 서비스 연구회(日本酒サービス研究会) https://ssi-w.com

23

식생활에 빠질 수 없는 발효식품

발효식품의 일등공신 곰팡이, 효모, 세균

발효식품에는 미생물로 만드는 것과 미생물 없이 만드는 것이 있다. 여기서는 미생물의 작용을 이용해서 만드는 발효식품을 살펴보자.

발효식품에 이용하는 주된 미생물은 '곰팡이'와 '효모', '세균'이다. 곰팡이와 효모는 '진균'의 일종으로 곰팡이가 실 같은 다세포인 데 비해 효모는 구형으로 단세포라는 점이 다르다.

미생물이 만드는 발효식품을 간단히 정리하면 다음과 같다.

- 곰팡이 : 간장 · 된장 · 술 · 식초 · 맛술(누룩곰팡이), 치즈(푸른곰팡이 또는 흰곰팡이), 가다랑어포(가다랑어포 곰팡이)
- 효모 : 간장 · 된장 · 빵 · 술
- 세균 : 낫토(낫토균), 요구르트 · 장아찌 · 간장 · 된장(유산균), 식초(아세트산균)

조미료에서 빼놓을 수 없는 주인공 누룩곰팡이

발효식품에 이용되는 주요 미생물 가운데 특히 중요한 것이 누룩곰팡이다. 2008년 데즈카 오사무 문화상 만화대상을 수상한 이시카와 마사유키(石川雅之)의 『모야시몬(もやしもん)』에도 누룩곰팡이가 세균들 가운데 주인공으로 등장한다.

누룩곰팡이는 '곡물에 생기는 곰팡이'라고 하면 이해하기 쉬울 것이다. 된장이나 간장, 장아찌, 일본술처럼 일본에서 옛날부터 전해지던 발효식품은 누룩곰팡이가 없으면 만들 수 없다. 그래서 일본에서는 12세기부터 16세기까지 '누룩을 파는' 장사가 존재했다.

바로 누룩 씨앗을 만들어 파는 다네코지야(種麹屋)다. 무로마치 시대(14~16세기)의 교토에는 여러 다네코지야가 있었고 그곳에서 만든 누룩의 씨앗을 술집 등에 팔았다.

이 곰팡이는 대두나 쌀에 있는 단백질을 아미노산으로, 전분을 당으로 분해하면서 성장한다. 일본인은 예부터 다양한 곰팡이 중에서 유용한 누룩곰팡이를 찾아내 된장과 간장, 술 등에 활용해 왔다. 따라서 누룩곰팡이는 일본의 전통적인 식문화에 큰 영향을 미쳤다고 할 수 있다. 간장과 된장 외에도 맛술(미림)이나 식초와 같은 조미료는 모두 누룩곰팡이 없이는 만들 수 없는 제품이다.

2006년 일본 양조학회는 누룩곰팡이를 '조상들이 오랫동안 소중히 여겨온 귀중한 재산'이라고 하여 국균(國菌)으로 인정했다.

양질의 콩과 밀, 소금, 물이 만나 간장 마을을 이루다

지바현 노다시는 예부터 간장 마을로 알려져 왔다. 도부 철도 노다선(도부어번파크 라인)을 타고 노다시 역에 내리면 고소한 냄새가 코를 간질인다. 역 근처에 있는 기코만 간장 공장에서 나는 냄새다.

노다는 에도 시대 초기(17세기)부터 간토 평야에서 자란 양질의 콩과 밀, 에도 만의 소금 등의 원료를 확보하기에 최적의 장소였다. 게다가 간장을 제조하는 데 빼놓을 수 없는 양질의 물을 얻을 수 있는 토지이기도 했다. 철도가 없었던 그 시대에 주요 소비지인 에도로 간장을 운반하기 위한 수로로 에도가와(에도 강)를 활용할 수도 있었기 때문에 더욱 크게 번성할 수 있었다.

미생물을 활용해 일본식 간장 만들기

지금부터 일본식 간장 만드는 법을 살펴보자. 원재료는 콩과 밀, 곰팡이와 효모, 유산균이다.

만드는 법

① 콩을 고온에서 찌고 밀은 고온에서 볶은 뒤 롤러로 으깬다.

② 콩과 밀을 섞은 후 곰팡이를 더한다.

③ 으깬 밀이 수분을 머금은 콩을 감싸고 곰팡이가 표면을 덮는다.

이렇게 해서 콩과 밀을 영양분으로 삼아 곰팡이가 계속 증식하면 약 3일 뒤 '간장 누룩'이 완성된다.

④ 간장 누룩에 식염수를 더하면 '모로마(諸味, 거르지 않은 간장)'가 된다. 식염수를 첨가하면 누룩곰팡이는 번식을 멈추고 그 세포 내에서 콩 단백질을 아미노산으로, 밀의 전분을 당으로 전환시킨다. 이 아미노산과 당은 간장 맛의 기본 성분이다. 또한 아미노산과 당의 일부가 결합해 간장 특유의 색깔을 만들어낸다.

⑤ 한두 달 후 당을 흡수해 효모와 유산균이 활동을 시작한다. 효모는 당을 알코올로 바꾸고, 유산균은 당을 젖산으로 바꾸어 향과 감칠맛이 더해진다.

⑥ 몇 달이 지나면 미생물들이 활동을 멈추고 숙성된 간장이 완성된다.

이 과정에서 효소의 공급과 온도를 적절히 조절함으로써 효모와 유산균을 더욱 활성화할 수 있다.

숙성된 간장에서 갓 짜낸 기름을 '날간장(生醬油)'이라고 한다. 날간장을 3~4일 통에 두고 그동안 떠오른 표면의 기름과 바닥의 침전물을 분리시킨 다음 열을 가한다.

이 작업의 주요 목적은 살균이지만, 날간장에 열을 가하면 살균과 동시에 간장의 색깔과 맛, 향이 좋아지고 효소의 작용을 멈추게 해 품질을 안정시키는 효과가 있다.

참고로 가열하지 않은 것을 '생간장'이라고

하며 신선한 향과 부드러운 풍미가 특징이다. 회나 냉두부에는 이 간장이 잘 맞을 수 있다. 다만 생간장은 산화하기 쉽고 풍미가 빨리 떨어지기 때문에 주의해야 한다. '날간장'과 헷갈리지 않도록 생간장은 반드시 '순수한 간장'이라는 의미의 '생(生)'을 표시하도록 되어 있다.

누룩곰팡이는 각 간장 제조사가 독자적인 균주를 사용한다. 그러므로 완성된 간장의 풍미도 제조사별로 다소 차이가 있다.

맛있는 간장을 만들려면 양질의 재료를 확보하고 미생물이 활발하게 활동할 수 있는 환경을 조성해야 한다는 점을 이해했을 것이다. 이것은 간장뿐 아니라 된장, 치즈, 낫토 등 다른 발효식품에도 해당한다.

이렇게 많다! 발효식품의 장점

① 소화흡수가 잘 되고 장 건강에 좋다

발효식품은 미생물에 의해 어느 정도 식품이 분해된 상태이므로 우리 몸속 소화기관에 들어온 뒤에도 소화흡수가 원활하게 이루어진다. 이것도 발효식품의 또 다른 장점이다.

낫토는 삶은 콩보다 소화가 잘 되고 영양분 흡수도 잘 된다. 또 요구르트는 유산균이 단백질과 지질을 분해한 상태이므로 우유보다 소화가 잘 된다.

② 맛이 풍부하다

미생물의 활동으로 음식의 전분이 당으로 분해되면 단맛이 생긴다. 마찬가지로 단백질이 분해되면 맛의 요소인 글루탐산과 이노신이 생성된다.

이처럼 발효식품은 미생물에 의해 재료 본연의 맛에 독특한 풍미가 더해져 원재료보다 단맛과 산미, 향을 더 많이 갖게 된다.

③ 영양가가 많다

삶은 콩과 낫토의 영양 성분을 비교하면 낫토의 비타민 B2는 삶은 콩의 7배, 엽산은 3배, 비타민 K는 무려 85배나 많이 함유되어 있다. 또 발효로 생성된 나토키나아제라는 효소는 혈전을 분해하는 역할을 한다.

요구르트의 경우, 원재료인 우유보다 비타민 B2의 함량이 더 높다.

④ 보존성이 뛰어나다

그대로 두면 금방 상하는 우유도 발효시켜서 치즈를 만들면 오래도록 보존할 수 있다. 상하기 쉬운 가다랑어도 말려서 포로 만들면 장기간 보존이 가능하다.

또 김치와 같은 음식은 유산균의 작용으로 채소에 들어 있는 당에서 젖산을 생성해 양념을 산성으로 보존함으로써 잡균이 번식하지 못하게 한다. 이처럼 발효식품은 보존성이 뛰어나다.

지역별로 개성도 제각각 발효식품 대국, 일본

일본이 발효식품 대국이라고 불리는 것은 일본에 예부터 전해지는 발효식품의 종류가 풍부하기 때문이다. 장아찌만 해도 100여 종이 넘으며, 간장도 농도에 따라 진한 맛부터 옅은 맛까지 다양하다. 또 된장도 지역별로 개성 있는 맛을 내고 있다.

이렇게 다양한 발효식품을 가진 나라는 흔치 않다. 일본이 발효식품 대국이라고 불리는 이유다.

참고: 기코만(キッコーマン) 홈페이지(https://www.kikkoman.co.jp)

24

인간의 상재균

태어나는 순간부터 시작되는 상재균과의 동거

우리는 무균 상태인 엄마의 태내에서 자란다. 하지만 태어나는 순간부터 균에 뒤덮인 채 한평생을 살게 된다. 우리 몸의 표면, 특히 피부와 소화관 등 외부 환경과 접하는 부위에는 다양한 세균과 곰팡이와 같은 '상재균'이 살고 있다.

상재균이라고 하면 일반적으로 바이러스를 제외하고 가리키는 말이지만, 실은 바이러스도 함께 살고 있다.

인체에 살고 있는 상재균의 수는 방대하며 대장을 중심으로 한 장에 약 100조 개, 입안에 약 100억 개, 피부에는 약 1조 개가 있다고 한다.

우리는 상재균과 함께 태어나고 자란다

출산 시 태아는 산도(질 등)를 통과한다.

이때 엄마의 상재균 중 일부가 아기의 피부, 입과 코, 항문에 달라붙는다. 분만실의 공기 중에는 의사, 조산사, 간호사, 입회인 등이 뀐 방귀와 함께 나온 장내 세균이 떠다닌다. 아기는 그것도 들이마신다.

제왕절개로 태어나는 경우 엄마의 산도에서 나오는 세균이 아니라 엄마의 피부와 병원 환경에서 나오는 세균이 달라붙는다. 요즘에는 분만실을 소독하는데 분만실에서 세균이 달라붙지 않아도 자라는 동안 엄마를 중심으로 외부 세균을 공급받게 된다.

출생 직후 아기의 장내는 무균 상태지만 출생 후 3~4시간이 지나면 세균이 정착하고 수유를 시작하면서 세균의 수는 급격히 늘어난다. 출생 한 달이 되면 비피더스균이 정착해 이유식 시기를 거쳐 3세 이후에는 성인과 같은 종류의 세균으로 변한다.

이렇게 해서 우리는 많은 종류의 상재균들과 함께 살게 된다.

피부는 외부 병원체로부터 몸을 보호하는 1차 방어막

상재균이 살고 있는 피부를 살펴보자. 우리의 온몸을 덮는 피부는 계절을 느끼고 외부 자극이나 세균과 같은 감염으로부터 우리 몸을 보호하는, 우리에게 매우 익숙한 기관이다.

피부는 크게 표피(약 0.2mm), 진피(약 1.8mm), 피하조직으로 나뉜다. 표피의 가장 아래에는 새로운 세포가 형성되는 기저층이 있다. 그것은 차례로 표면으로 밀려 올라가고 약 2주 동안 가장 바깥쪽 각질층을 만든다. 각질층은 두께가 0.02mm 정도로 매우 얇지만 외부에서 자극물질이 들어오거나 수분이 밖으로 빠져나가지 않도록 하는 역할을 한다. 각질세포는 약 2주 후에 서서히 벗겨져 떨어져 나간다. 이것이 바로 때와 비듬이다. 이 양은 전신을 기준으로 하루에 3~14g 정도라고 한다.

표피 전체는 약 4주(6주) 후에 새롭게 태어난다. 새로운 세포는 기저층에서 태어나 28일 동안 각질층에 올라왔다가 벗겨지는데 이것을 피부의 재생 주기, 또는 피부의 턴오버라고 한다. 위험한 균이 피부 표면에 달라붙어도 4주 뒤에는 각질세포와 함께 떨어져 나간다.

피부의 약 95%를 차지하는 진피는 영양과 산소를 피부조직 전체에 공급하는 중요한 역할을 한다. 진피 아래에는 지방을 함유하고 체온을 유지하면서 피부의 쿠션 역할을 하는 피하조직이 있다.

촉촉하고 윤기 나는 뽀얀 피부의 비결이 피부 상재균?

많은 곳에서는 1cm^{2}의 피부에 10만 개 이상의 균이 존재하기도 한다. 주로 피부의 각질 틈에 숨어 있다.

대표적인 피부 상재균은 포도상구균의 일종인 '표피 포도상구균'이다. 포도상구균에 속한 균은 지름이 0.8~1.0μm로 구형이면서 모이면 포도송이 모양으로 배열된다. 표피 포도상구균은 피부 전체에 분포하며 수억 개가 서식하고 있다.

표피 포도상구균은 '피부미용균'이라고도 불린다. 땀과 땀샘에서 분비되는 피지를 먹고 그것을 분해해 지방산이라는 산을 만들어 피부 표면을 약산성으로 유지해 주기 때문이다. 피부에 수분을 주는 글리세린 관련 물질도 생성한다.

그 밖에도 피부에는 황색포도상구균(식중독의 원인이 되고 상처나 종기 등으로 화농을 일으킨다), 아크네균(여드름 속에서 증식한다), 유디프테리아균(겨드랑이 액취를 만든다), 곰팡이의 일종인 백선균(무좀 등을 유발한다), 효모인 마라세티아균(외이염과 피부염을 일으킨다), 효모인 칸디다균(구강 및 피부, 성기 칸디다증의 원인이다) 등이 있다.

이것들은 병원성 세균이지만 피부 상재균의 균형이 잡혀 있으면 병원체나 곰팡이가 어느 정도 있어도 피부를 보호할 수 있다. 피부가 촉촉하고 윤기가 난다면 그것은 피부 상재균이 균형을 잘 이루고 있다는 증거다.

그러나 때로는 피부에 문제가 발생하는 경우가 있다. 평소에는 얌전히 있던 균이 어떤 계기로 인해 갑자기 증식하기도 한다. 화농은 황색포도상구균의 소행이다.

세수를 하면 상재균이 씻겨 내려가지만 일반적으로 모공에 남아 있던 균은 곧 다시 증가하기 시작해 30분에서 2시간 후에는 원래대로 돌아온다. 그런데 클렌징 제품이나 세안제로 세안을 하면 피부가 알칼리성이 되어 건조해진다. 그러면 표피 포도상구균 등이 서식할 수 없다. 따라서 상재균을 고려해 얼굴을 지나치게 씻지 않는 것이 바람직하다.

25

장내 파일로리균의 작용

입에서 항문까지 다양한 종류의 소화기관 내 상재균

입에서 항문까지 음식물이 지나가는 길을 소화관이라고 한다. 사람의 소화관은 입, 식도, 위, 소장, 대장, 항문의 순으로 연결된 긴 관이다. 성인의 소화관은 대략 9m 정도다. 소화관 외에도 침샘이나 간, 췌장 등도 포함해 음식을 소화시키고 흡수하는 기관들을 총칭해 소화기관이라고 부른다.

우리가 먹는 음식은 입을 통해 식도로 들어간다. 입에서 음식은 치아, 침, 효소, 약 100억 개의 세균에 의해 분해된다. 식도에는 상재균이 없는 것으로 알려졌지만, 2004년에 10종 이상의 세균이 있는 것을 발견했다.

음식은 위장으로 들어가 산과 효소에 의해 소화된다. 위에 살고 있는 세균은 헬리코박터 파일로리균(이하 파일로리균)이다. 100년 전까지만 해도 모든 사람에게 파일로리균이 있었지만 위생습관 개선과 항생제의 등장으로 지금은 아이들의 약 10%만이 파일로리균을 갖고 있다. 파일로리균은 위궤양이나 위암을 일으킬 위험이 있지만, 속쓰림을 일으키는 위식도 역류증과 식도암 등의 발생 위험을 낮추는 작용도 한다.

소장은 음식물의 대부분을 소화한다. 이곳에는 많은 세균에 유해한 중탄산 담즙이 유입되고, 소장 내벽의 주름진 작은 돌기(융모) 사이에 있는 파이어판(Peyer's patch)이 이물질의 존재를 면역체계에 알리는 역할을 한다. 그러면 면역체계가 작동해 세균을 제거한다. 따라서 소장에는 세균이 살기 어려우므로 소화관 중 가장 긴 기관이지만 세균은 많지 않다.

대장은 가장 많은 종류와 수의 세균이 존재한다. 명실공히 우리 몸에서 세균이 가장 밀집되어 있는 곳이다. 대장에는 파이어판이 없고, 소장에 비해 용량도 크지만 소장보다 연동운동이 약한 편이다. 장에는 대략 1,000여 종과 약 100조 개의 세균이 살고 있다고 알려져 있는데 그 대부분은 대장에 있다. 장내 세균의 무게는 약 1.5kg이나 된다고 한다.

20여 년 전에는 대변에 있는 세균을 배양해 조사한 결과, 대장에 대략 100종의 세균이 있을 것으로 추측되었다. 하지만 그 후 세균의 DNA를 꺼내어 식별했더니 배양하기 어려운 세균이 많이 존재한다는 사실을 알게 되면서 그 수가 늘어났다.

사람들은 장내 세균이라고 하면 흔히 대장균을 상상한다. 사실 대장에 있는 약 100조 개의 세균 중 대장균은 전체 세균 수의 약 1,000분의 1에 불과하다. 대장균은 장 내에서 많은 수를 차지하는 세균이라고 할 수 없다는 뜻이다.

소화 작용의 일부는 대장 속 세균들에게 아웃소싱된다

장내 세균은 각각 자신의 영역을 만들어 장내 세균총이 군집을 형성한다. 장내 세균총은 같은 종류의 균이 마치 꽃밭과 같이 장벽을 덮고 살기 때문에 식물이 군생하는 모습에 빗대어 장내 플로라라고도 불린다.

대장에 있는 장내 세균은 식이섬유 등 소장에서 소화되지 않은 것들을 먹고 산다. 그리고 세균이 죽어 장내에서 분해되면 세균을 구성하는 당, 아미노산, 비타민 B군과 비타민 K 등이 대장으로 흡수된다.

사실 우리가 음식에서 얻은 칼로리의 15%는 대장에 있는 세균에서 나온다. 다시 말해서 우리는 소화 작용의 일부를 대장의 세균들에게 아웃소싱하는 것과 같다.

소화 작용을 세균에게 위탁하는 것은 소, 양, 염소, 코끼리(위는 하나지만 큰 맹장에 무수한 원생동물과 세균이 존재한다), 기린 등의 되새김동물(반추동물)이다. 이들은 먹은 풀을 일단 첫 번째 위에 저장하고 되새김질하면서 뱃속의 루멘 박테리아(루멘은 첫 번째 위를 말하며, 그곳에 서식하는 미생물 플로라)에 의해 셀룰로오스(cellulose)[13]를 분해한다.

이 동물들에게 단백질을 만드는 아미노산과 비타민의 주요 공급원은 그들이 먹는 음식이 아니라 루멘 박테리아다.

인류가 소 등의 되새김동물을 가축으로 기르고 섭취하는 것은 사람이 먹어도 소화할 수 없는 풀을 이용해 섭취하기 쉽고 양질의 단백질 등으로 바꾸어 주는 루멘 박테리아를 이용하는 행위로 볼 수도 있다.

---

13) 포도당으로 된 단순 다당류의 일종. 고등식물이나 조류의 세포막의 주성분이다.

우리 몸에서 가장 규모가 큰 장내 면역체계

장에는 세균, 곰팡이, 바이러스, 기생충이나 인체에 유해한 화학물질(독소)이 입을 통해 들어온다. 우리 몸의 소화관 내에는 외부에서 많은 병원체와 독소가 주입되는 무척 위험한 환경이다. 소장벽은 융모라는 돌기 모양으로 되어 있으며 소장의 표면적을 늘려 흡수력을 높인다. 그 면적은 무려 테니스장 크기(약 200m^2)와 맞먹는다. 그런 만큼 소장은 많은 병원체와 독소에 노출될 수밖에 없다.

장에서 병원체와 독소가 생체에 침입하면 장관의 점막 상피에 있는 최전선 방어기지인 장관 면역체계가 작동한다. 장관 면역체계는 면역체계 전체의 60~70%를 차지하므로 몸에서 가장 큰 면역 장치라 할 수 있다. 장관 면역체계에는 장내 플로라도 중요한 역할을 한다.

이처럼 중요한 장내 면역체계를 잘 보존하려면 어떤 음식을 섭취해야 좋을까. 식이섬유와 올리고당을 함유한 채소와 콩은 장의 연동운동을 증진시키고, 비피더스균과 같은 장내 세균의 증식에 특히 효과적이다. 하지만 무엇보다 영양의 균형이 잡힌 식사를 하는 것이 기본적으로 중요하다.

스트레스의 악순환을 초래하는 장과 뇌의 상호작용

스트레스를 심하게 받았을 때 변비나 설사 증상이 나타나는 것은 뇌와 장이 깊은 관련이 있음을 나타낸다. 뇌와 장은 어떨 때는 서로 연락하고 어떨 때는 장이 뇌의 도움을 받지 않고 스스로 연동운동을 하기도 한다. 여기에는 소장과 대장을 합쳐 약 1억 개가 있는 신경세포가 깊이 관여한다. 뇌의 신경세포가 약 150억 개 이상으로 가장 많으며, 장이 그 뒤를 잇는다.

1980년대 미국의 신경생리학자 마이클 거숀(Michael D. Gershon) 교수가 발표한 '장은 제2의 뇌'라는 학설은 이러한 장의 기능을 잘 보여 준다.

뇌가 심한 스트레스를 받으면 자율신경을 통해 대장으로 전달되어 변비, 복통, 설사를 유발한다. 반대로 설사와 변비 등 대장의 기능 장애는 자율신경을 통해 뇌에 스트레스를 준다. 즉 스트레스의 악순환이 일어날 가능성이 크다는 말이다.

뇌가 스트레스를 느끼면 교감신경이 활성화되어 장의 연동운동을 중단시키거나 반대로 부교감신경이 활성화되어 과도한 연동운동을 하다가 경련을 일으킨다. 이것이 변비와 설사의 메커니즘이다.

대변을 이루는 주요 성분은 음식물 찌꺼기가 아니다

대변의 양과 횟수는 섭취한 음식물의 종류와 분량, 소화흡수 상태에 따라 다르지만 대개 하루 100~200g 정도로 하루에 한 번이 보통이다. 일반적으로 동물성 식품을 많이 섭취하면 식물성 식품을 많이 먹을 때보다 양과 횟수가 줄어든다.

대변에는 음식물이 소화되지 않은 부분(찌꺼기), 소화액, 소화관 상피가 벗겨진 것, 장내 세균 등이 포함된다. 대체로 수분이 전체의 60%이며 나머지는 음식물의 찌꺼기일 것이라고 생각하겠지만, 소화관 상피가 벗겨진 것(장벽세포의 사체)이 15~20%, 장내 세균이 10~15%나 된다.

대변의 심한 악취는 장내 세균이 만들어낸 강한 냄새를 풍기는 물질(황화수소, 암모니아, 인돌, 스카톨 등)에 의해 생긴다. 대변을 보거나 방귀를 뀌면 장내 세균도 공기 중으로 함께 배출된다.

또 방귀의 주요 성분인 질소, 수소, 이산화탄소 등은 냄새가 없다. 그런데 방귀 냄새가 나는 것은 대장 내의 웰치균과 같은 단백질 분해균과 부패균이 생성하는 자극적인 물질이 나오기 때문이다. 따라서 단백질을 많이 함유한 고기를 많이 먹으면 냄새가 나는 물질이 대량으로 생성된다.

26

요구르트는 건강에 좋을까?

프로바이오틱스의 대표 주자,
유산균과 비피더스균

인류는 태곳적부터 양이나 염소, 소, 말과 같은 가축을 키우면서 고기와 가죽을 이용할 뿐 아니라 젖을 짜서 그 젖을 그대로 마시거나 발효시켜 먹게 되었다. 요구르트, 레벤(leben, 우유를 효모와 유산균으로 발효시킨 발효유), 다히(dahi, 인도의 발효유), 케피어(kefir, 러시아 코카서스 지역의 발효유), 쿠미스(koumiss, 주로 말의 젖으로 만드는 몽골의 발효주) 등은 모두 1,000년에서 3,000년에 이르는 역사를 가진 발효유 음료다.

요구르트 등과 같은 발효유 음료는 우유보다 훨씬 보존성(저장성)이 높고 맛도 있으며 영양분도 풍부하다. 발효유 음료를 만드는 기술은 개량되면서 전수되어 더욱 품질 좋은 종균이 선택되어 왔다. 현재 각지에 남아 있는 전통적인 발효유 음료에 쓰이는 종균은 약간씩 차이가 있다.

사람들은 경험적으로 발효유 음료를 마시면 몸 상태가 좋아진다고 느꼈을 것이다. 오늘날은 발효유 음료를 '프로바이오틱스'라고 부른다. 프로바이오틱스는 인체에 좋은 영향을 미치는 미생물 또는 그 미생물을 함유한 제품이나 식품을 말한다.

프로바이오틱스의 대표격이 유산균, 비피더스균이다. 마트에 가면 프로바이오틱스산업으로 만들어진, 살아서 장까지 도달한다는 발효유 음료가 진열대에 빼곡히 들어찬 모습을 볼 수 있다.

유산균과 비피더스균의 차이는 젖산 생산율

발효유 음료의 주역은 유산균과 비피더스균이다. 하지만 유산균이라는 정식 명칭을 가진 세균은 존재하지 않는다. 유산균은 당을 분해해 젖산을 만드는 균을 총칭하는 말이다. 유산균을 만드는 균은 모두 유산균이라고 불릴 자격이 있지만, 좁은 의미에서는 '젖산 생산율이 50%를 넘는 균'을 말한다. 그 조건을 채우는 균에도 수많은 종류가 있다. 인체에 특히 많이 있는 곳은 소장과 여성의 질이다.

비피더스균은 당으로 식초 아세트산과 젖산을 만든다. 젖산의 비율이 50% 미만이므로 좁은 의미로는 유산균이라고 할 수 없다. 하지만 넓게는 비피더스균도 유산균의 한 축에 포함된다.

모유를 먹인 유아의 장에는 우유를 먹인 유아에 비해 비피더스균이 더 많다고 한다. 비피더스균은 산소가 있으면 생육하지 못하므로 산소가 없는 대장에서 산다.

미생물학자 메치니코프도 유산균을 애용했다

유산균과 비피더스균이 건강에 좋다는 생각을 거슬러 올라가면 러시아의 미생물학자 메치니코프(Élie Metchnikoff, 1845~1916년)를 만날 수 있다.

20세기 초, 그는 '대장에서 세균이 만들어내는 독소가 노화의 원인'이라는 자가중독설을 주장했다. 그와 동시에 불가리아의 스몰랸(Smolyan) 지방에 장수하는 사람이 많은 비결은 떠먹는 요구르트 덕분이라며, 그가 불가리아균이라고 부른 세균이 젖산을 생성해 장내 세균을 죽인다는 이론을 제시했다.

그 자신도 요구르트를 많이 섭취해 대장에 많은 유산균을 공급함으로써 노화의 원인인 장내 세균을 제거하려고 노력했다(훗날 밝혀졌는데 대장에는 유산균이 서식하지 못하며 살아서 도달해도 정착할 수 없다).

메치니코프는 유산균을 섭취하면 장에서 번식해 유해한 세균 증식을 억제함으로써 건강하게 장수할 수 있다고 주장했다. 그의 이론은 여러 학자에게 강한 영향을 미쳤다.

유산균과 비피더스균은 정말 건강에 좋을까?

그러나 유산균 음료를 마시면 병에 걸리지 않고 오래 산다는 것은 확실하지 않다. 불가리아인의 평균수명도 20세기 후반 이후의 통계를 보면 특별히 오래 산다는 결과가 나오지 않았다. 더구나 살아 있는 유산균을 함유한 음료를 마셔도 위 속의 위산에 의해 균이 죽기 때문에 장내에 살 수 있는 형태로 도달하지 못한다.

1930년대에 일본의 미생물학자 시로타 미노루(代田稔)는 위산에 파괴되지 않고 장까지 도달하는 강한 유산간균(정식 명칭은 락토 바실러스 카제이 시로타 주(株))을 발견하는 데 성공했다. 그는 그것을 발효유 속에서 키워 1935년 '야쿠르트'라는 병 음료를 만들었다.

다만 살아 있는 상태로 장까지 도달은 하지만 장에 정착하지 못하고 통과하기만 할 뿐이다. 그래도 장내를 통과하는 동안 유산과 초산(酢酸) 등 상재균에게 좋은 영향을 주는 물질을 분비하고, 상재균의 먹이가 되는 작용을 하므로 장내 플로라에 좋은 영향을 미친다는 인식이 있다.

유산균과 비피더스균을 함유한 건강보조식품이 시판되기도 한다. 그러나 고농도 프로바이오틱스라 할지라도 한 포당 수천억 개의 세균밖에 들어 있지 않다. 장에는 그것의 수백 배 이상의 세균이 이미 살고 있다.

따라서 프로바이오틱스를 섭취해서 인체가 얻는 효과를 과대평가하지 않는 것이 좋다. 맛있고 영양분이 풍부하다는 점만으로도 훌륭한 식품이라고 할 수 있을 것이다. 아울러 다양한 프로바이오틱스가 있으므로 자신의 몸 상태를 보면서 자신에게 맞는 제품을 찾는 것이 바람직하다.

프로바이오틱스는 대체로 의약품이 아닌 식품으로 분류된다. 의약품은 엄격한 규제가 적용되지만 식품은 훨씬 기준이 느슨하기 때문이다.

2007년 EU(유럽연합)는 식품과 건강보조식품 제조업자들에게 '더 건강해지고', '더 활기차고', '날씬해진다'고 표시하려면 그것을 증명할 수 있는 근거를 제공하라고 요구했다. 그러나 제조업체들은 그런 결과를 내지 못했다. EU는 2014년 식품 포장에 프로바이오틱스라는 용어를 사용하는 것을 금지했다.

하지만 프로바이오틱스에 대한 이론 자체는 잘못되었다고 할 수 없으므로 적절한 미생물을 섭취하거나 피부에 발라서 건강에 기여할 가능성은 남아 있다.

27

미용에는 보툴리누스 독소?

일본을 충격에 몰아넣은 가라시렌콘 식중독 사건

1984년 진공포장된 가라시렌콘(연근 안에 겨자를 넣은 음식)을 먹고 보툴리누스균 집단 식중독에 걸린 사건이 터졌다. 일본 전국에서 36명이 중독되었고 이 중 11명이 사망했다. 후속 조사 결과 공장에서 사용했던 생겨잣가루에서 균의 독소가 검출되었다. 어떤 원인으로 인해 미량의 균에 오염된 겨잣가루를 사용해 식품(가라시렌콘)을 만들어 진공포장했다. 산소를 싫어하는 혐기성 보툴리누스균이 증식하기 딱 좋은 환경이 조성되어 오염이 진행된 것이다.

보툴리누스균에 감염되면 다음과 같은 증상이 나타난다.

보툴리누스균의 감염 증상

안검하수(눈꺼풀 처짐) · 변비 · 복시 · 갈증 · 탈력감 · 보행곤란 · 호흡곤란

복시는 하나의 물체가 이중으로 보이는 것으로, 보툴리누스 중독이 의심될 경우 가장 중요한 진단 기준이 된다.

소시지 식중독을 연구해 보툴리누스균을 발견하다

유럽, 특히 독일에서는 1,000년도 더 전부터 햄이나 소시지로 인한 식중독이 발생했다. 1895년 벨기에 에르첼이라는 마을에서 장례식이 열렸을 때 음악을 연주하기 위해 참석한 악사들이 식사로 나온 햄을 먹고 23명이 병에 걸리고 그중 3명이 사망했다.

이를 조사한 겐트대학 에밀 반 에르멩겜(Émile van Ermengem) 교수는 남아 있는 햄과 사망자의 비장에서 간균(막대 모양이나 원통 모양 세균의 총칭)을 발견했다. 그는 이 균의 배양액을 실험동물에게 주었더니 사람과 마찬가지로 마비를 일으켜 숨져 있는 것을 발견했다. 이 균에는 소시지를 뜻하는 라틴어 보툴러스(botulus)를 따서 보툴리누스균(botulinus)이라는 이름이 붙었다.

신경계에 작용해 근육을 마비시키는 보툴리누스 독소

보툴리누스균이 배출하는 독소는 독물 중에서도 가장 강력하며 청산칼리의 수십만 배에 이른다. 다만 열에 약해서 80℃에서는 30분, 100℃에서는 1~2분 정도 가열하면 독성을 제거할 수 있다. 그런데 '가라시렌콘 식중독 사건'의 경우에는 열에 강한 보툴리누스균의 '아포'가 겨자에 섞여 있었다.

보툴리누스 중독을 방지하기 위해 통조림·병조림·레토르트 식품을 제조할 때는 중심부를 120℃로 4분간 가열 살균해야 한다.

보툴리누스 독소의 특징은 신경계에 작용한다는 것이다. 근육이 수축할 때는 근육에 이어지는 신경세포 말단에서 '아세틸콜린'이라는 신경전달물질이 방출된다. 근육은 이 자극을 받으면 수축한다. 그런데 보툴리누스 독소는 아세틸콜린이 방출되지 못하게 막는다. 그래서 이 독소가 몸에 침입하면 전신의 근육이 수축되지 않는다. 눈을 움직이는 근육이 약해져 물체가 2개로 보이거나 눈꺼풀이 처지거나 손발에 힘이 들어가지 않는다. 그뿐 아니라 호흡근이 마비되면 사망에 이를 수도 있다.

근육을 이완시키는 작용을 활용해 치료제를 만들다

이렇게 보툴리누스 독소는 무시무시한 맹독이지만 지금은 '신경전달물질의 방출을 방해해 근육을 이완시키는' 작용을 활용해 약으로 광범위하게 사용된다. 이 독이 온몸으로 퍼지면 위험하지만 국소적으로 이완시키고 싶은 근육에만 주사하는 것이다.

예를 들어 눈꺼풀을 움직이는 근육이 자신의 의사와 상관없이 과도하게 수축되어 일어나는 '눈꺼풀 경련'을 치료할 때는 눈꺼풀을 움직이는 근육에 보툴리누스 독소 제제를 주사해 경련을 멈추게 할 수 있다. 뇌졸중이나 척수 손상으로 손발의 근육에 강한 긴장감이 지속될 때도 보툴리누스 독소 제제를 사용해 긴장감을 풀어 줄 수 있다. 이런 경우에는 치료비가 보험 적용된다.

보험이 적용되지 않고 자비로 진료하는 경우는 미용을 목적으로 보툴리누스 독소를 사용할 때다. 표정 근육의 긴장을 풀어 주고 얼굴의 주름을 제거한다. 주사 후 2~3일 만에 효과가 나타나기 시작해 2주가 지나면 가장 효과가 잘 나타나는 상태가 된다고 한다.

주요 부작용

두통 · 눈의 이상 증세 · 눈썹 처짐 · 안검하수(눈꺼풀 처짐) · 주사 부위의 통증 · 염증

치료 효과는 3~4개월 정도 지속되지만 영구적이지는 않으므로 한 번 시작하면 여러 번 시술을 반복하는 경향이 있다.

참고: 일본 오차노미즈 이노우에 안과클리닉 홈페이지(https://www.inouye-eye.or.jp/clinic), 사카이 겐지(酒井健司) <약이 되기도 하는 보툴리누스 독소> (2017년 5월 1일자 디지털 아사히신문)

28

우리 생활에 크게 도움이 되는 미생물

미생물을 이용해 감칠맛 조미료를 만들다

맛에는 단맛, 쓴맛, 신맛, 짠맛의 네 가지 기본 맛에 다섯 번째 맛이 하나 더 추가되어 있다. 1908년 이케다 기쿠나에(池田菊苗) 박사는 다시마 육수의 맛 성분이 글루탐산이라는 사실을 발견하고 그것을 '감칠맛'이라고 명명했다.

감칠맛은 일본에서 유래한 기본 맛이다. 그래서 국제적으로도 감칠맛을 'Umami'라고 표기한다. 그 후 가다랑어포(가쓰오부시)의 감칠맛 성분이 이노신산, 말린 표고버섯의 감칠맛 성분이 구아닐산인 것이 발견되었다.

현재 시판되는 감칠맛 조미료에 대한 식품첨가물 표시법에 따르면 글루탐산나트륨은 '조미료(아미노산)'로, 이노신산나트륨과 구아닐산나트륨은 '조미료(핵산)'로 표시되어 있다. 여러 그룹의 조미료를 사용한 경우는 '조미료(아미노산 등)'로 간략화할 수도 있다.

글루탐산나트륨은 원래 아미노산이 많이 함유된 밀 단백질을 원료로 상품화되었는데 지금은 발효 기법으로 제조된다. 사탕수수에서 설탕을 제거하고 남은 당밀(사탕수수에서 설탕을 뺀 찌꺼기)을 원료로 하고, 미생물(글루탐산 생산균)을 이용해 아미노산으로 전환한 후 정제 · 중화 · 농축 · 결정 · 건조라는 공정을 거쳐 제조된다.

이노신산나트륨과 구아닐산나트륨도 효모 핵산을 이용해 대량으로 개발되었고 현재는 글루탐산나트륨과 같이 당밀을 원료로 발효법으로 만들어진다.

노벨상을 수상한 치료제 이버멕틴은 일본에서 유래되었다

기타사토연구소의 오무라 사토시(大村智)는 몇 년 동안 토양 속의 미생물을 분리하고 그 미생물이 분비하는 물질을 분석해 약효를 조사했다. 1979년 시즈오카현 이토시 가와나의 토양에서 채취한 방선균(토양과 식물 등에서 발견되는 세균의 일종)이 아버멕틴(avermectin)이라는 천연물을 만들어내는 능력이 있는 것을 발견했다. 이버멕틴(Ivermectin)은 아버멕틴에서 파생된 약이다.

아버멕틴은 가축이나 반려동물의 필라리아라는 선충을 예방하는 데 널리 사용된다. 결국 인간에게도 효과가 있다고 밝혀졌고 회선사상충증이라는 기생충 감염에 효과가 있다는 것이 밝혀져 인간을 대상으로 한 이버멕틴이 개발되었다.

회선사상충증은 흑파리가 사람의 피를 빨아먹음으로써 감염된다. 증식한 선충이 눈에 도달하면 시력을 잃고 실명한다.

이버멕틴은 연간 2억 명을 회선사상충증에서 구하고 있다. 그 밖에 상피병[14]도 되는 림프계 필라리아증, 세계에서 수천만 명이 감염되고 있다는 분선충증(분선충이 소화기관에 기생하는 기생충 감염증) 등에도 효과가 있는 것으로 밝혀졌으며 특히 열대 · 아열대 지역의 개발도상국에서 많은 사람을 구할 수 있었다.

오무라 사토시는 이버멕틴을 개발한 공로로 2015년 노벨 생리의학상을 수상했다.

최근에는 호주의 연구팀에 의해 이버멕틴이 신형 코로나바이러스 증식을 억제하는 데 효과적이라는 연구 결과가 발표되었다. 연구팀은 아직 세균을 이용한 실험실 내에서 밝혀낸 결과이므로 추가 연구가 필요하다고 밝혔다.

곰팡이와 효모, 버섯과 같은 진균으로부터 고지혈증약, 면역억제제, 항암제 등의 의약품을 만들고 있다. 누룩곰팡이의 일종으로는 진딧물 등의 해충에 효과적인 농약을 개발할 수 있을 것으로 기대된다.

곰팡이와 효모, 버섯과 같은 진균 중 실태를 파악하고 있는 것은 약 10만 종이며, 지상에서는 아직 10배 이상 되는 미지의 진균이 존재한다고 한다. 세계의 균 사냥꾼들은 의약품과 건강식품 개발에 기여하는 새로운 미생물을 찾기 위해 노력하고 있다.

세제 개발을 위해 대변 처리를 연구하다

1987년 4월, 일본의 생활용품 제조기업

14) 림프관이나 정맥조직 주변이 코끼리 피부처럼 두꺼워지는 질병으로 코끼리피부병이라고도 한다.

인 가오는 어택(Attack)이라는 효소를 함유한 소형 농축세제를 출시했다. 캐치프레이즈는 '놀라운 흰색 한 스푼'이었다. 그때까지 세제는 한 번 세탁에 한두 컵 분량을 넣어야 했지만 어택은 사용량이 훨씬 줄어들고 세제 상자도 작아졌다. 소형 농축화 기술과 알칼리성에도 작용하는 알칼리 셀룰라아제라는 효소를 첨가해 세정력을 향상시킨 결과였다.

세제 제조업체는 인체에 유해한 인 성분이 없는 세제를 개발했고 효소를 첨가함으로써 인 성분이 없는 세제의 세정력을 향상시킬 수 있었다. 연구원들은 다양한 효소와 여러 물질을 세제와 함께 세탁기에 넣어 세척력을 높이는 요소를 파악하고자 노력했다. 그 결과 가오의 경우, 알칼리 셀룰라아제를 섞어서 세탁했더니 오염이 깨끗하게 제거되었다.

이렇게 해서 효소가 함유된 소형 농축세제가 완성된 것이다.

환경 정화 분야에서 맹활약 중인 미생물들

가정의 주방이나 욕실에서 나오는 배출수, 수세변소 출수, 공장과 사무실에서 나오는 배수 및 강우 · 강설에 의해 나오는 빗물, 눈이 녹은 물을 합쳐서 하수라고 한다. 이 하수를 관으로 이어 한곳에 모아 하수처리장에서 처리한다. 많은 하수처리장에서는 활성오니법이라는 미생물을 이용한 분해처리법을 채택하고 있다.

우리가 세포에서 영양분(유기물)과 산소에서 에너지를 추출해 이산화탄소와 물을 만들 듯이, 미생물은 더러움(유기물)과 산소로부터 생활하기 위한 에너지를 빼내 이산화탄소와 물을 만든다. 처리된 물은 2차 침전조로 보내 상등수를 살균해 강이나 바다에 방류한다.

4

세상에는
미생물이
넘쳐난다

29

미생물은 어떤 생물일까?

미생물은 눈에 보이지 않을 정도로 작다

'미생물'은 인간의 눈으로는 볼 수 없을 정도로 작은 생물들을 말한다. 어떤 특정한 생물의 종류를 지칭하는 것이 아니라 다음과 같은 다양한 생물이 이에 해당한다.

- 세균류(유산균이나 대장균의 일종)
- 균류(곰팡이, 버섯, 효모의 일종)
- 원생생물(아메바, 미세조류의 일종)
- 바이러스

육안으로 볼 수 있는 한계는 개인차가 있지만 대체로 0.1mm 안팎이다. 미생물 대부분은 그보다 훨씬 작으며 현미경을 이용해야 관찰할 수 있다.

보통 현미경을 광학 현미경이라고 하며, 이것을 사용하면 미생물을 최대

2,000배로 확대해서 관찰할 수 있다. 그러나 세균류를 1,000배로 확대해도 몇 밀리미터 정도의 크기로 볼 수 있을 뿐이다.

바이러스는 세균류의 10분의 1에서 100분의 1 정도 크기이므로 전자 현미경을 사용해야 볼 수 있다. 미생물은 이렇게나 작다.

미생물은 분류상 어떤 위치에 자리할까

19세기 중반까지 모든 생물은 동물이나 식물 중 하나로 분류되었다. 활발하게 움직이고 먹이를 먹는 생물을 동물이라고 부르고 그 이외는 식물로 보았다.

이 생각은 생물학적인 세계에서 단 하나의 구분선을 긋고 한쪽은 동물의 세계(동물계), 한쪽은 식물의 세계(식물계)로 나눈다고 하여 이계설이라고 한다. 이후 다음과 같은 오계설이 주류가 되었다.

① 먹이를 먹고 사는 '동물계'
② 광합성을 하는 '식물계'
③ 영양을 흡수하고 생활하는 '균계'
④ 균류 이외의 단세포생물 중 핵막으로 싸인 핵을 가진 단세포생물인 '원생생물계'
⑤ 명확한 핵이 없는 단세포생물인 '원핵생물(모넬라)계'

이 분류법에 따르면 세균류는 모넬라계, 균류는 균계, 원생생물은 원생생물계에 포함된다. 과거에는 다시마와 미역 등을 포함한 조류를 식물로 간주했지만 지금은 아메바와 같은 원생생물계에 위치하게 되었다.

근래에는 유전자와 분자 수준의 연구가 활발히 진행되면서 단순하게 여겼던 원핵생물에도 매우 많은 종류가 있는 것이 밝혀졌고, 다른 '계'에 속하는 생물들과 어떤 관련이 있는지도 밝혀졌다. 그러자 예전처럼 원핵생물을 일괄적으로 생각하기 어려워졌다. 학자들은 계(kingdom)의 상위 단계에 '역(group)'이라고 불리는 3개의 주요 집합을 만들어 분류하게 되었다.

이에 따라 모든 생물은 세 가지 범주로 나뉘었다. ① 진핵생물역 ② 진정세균역 ③ 고세균역으로 나뉘며 미생물도 이 중 하나에 포함된다.

미생물의 분류

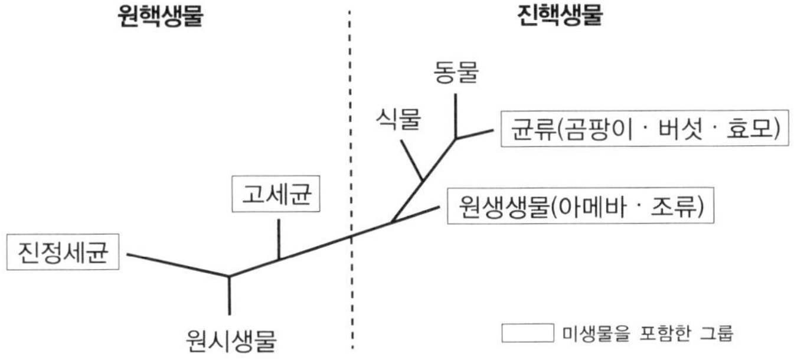

고배율 현미경으로 들여다본 미생물의 세계

안톤 판 레이우엔훅(Anton van Leeuwenhoek)은 미생물의 존재가 거의 알려지지 않았던 시대에 다양한 미생물을 열정적으로 관찰해 이 세상이 얼마나 많은 미생물로 넘쳐나는지 알린 사람이다.

17세기 네덜란드에서 작은 포목점을 운영하던 레이우엔훅은 그 품질을 판단하기 위해 렌즈를 만들어 활용했다. 시간이 비어 있을 때는 유리구슬 렌즈를 닦으며 손질하는 사이에 배율이 점점 높아졌고, 결국 배율이 270배나 되는 현미경을 완성했다. 이것은 당시 세계 최고의 성능이며 유통되던 현미경의 10배에 해당하는 높은 배율이었다.

원래 호기심이 왕성했던 레이우엔훅은 이 현미경으로 온갖 것을 들여다보았다. 그러자 상상을 초월하는 세상이 펼쳐졌다. 작은 뱀장어나 지렁이와 같은 것, 긴 뿔 같은 것으로 헤엄쳐 다니는 것, 코르크 따개처럼 나선형인 것…, 무수한 작은 생물들이 꿈틀거리고 있었다.

그는 자신이 느낀 놀라움과 감동을 "수많은 작은 지렁이가 빗물 한 방울 속에서 꿈틀거리고 있었다. 마치 물 전체가 살아 있는 것 같았다"라고 썼다.

그중에서도 그를 놀라게 한 것은 '치석'이었다. 자신의 치석을 문질러서 관찰해 보니 그의 치아는 끊임없이 바삐 움직이는 생물들로 뒤덮여 있었다. 게다가 태어나서 한 번도 이를 닦은 적이 없는 한 노인에게서 채취한 치석을 보면서 '타액이 살아 있는 것 같았다'고 말했다. 이것은 입안에 살아 있는 세균류를 관찰한 가장 오래된 기록이다.

40년간에 걸친 꾸준한 관찰 끝에 다양한 원생생물과 효모, 동물의 혈액 세포와 정자가 잇달아 발견되었다. 그는 이 기록을 많은 사람에게 알리고 싶었으므로 과학계에서 권위 있는 런던 왕립협회에 계속 보냈다. 그 기록을 검증한 사람이 물리학자인 로버트 훅(Robert Hooke)이었다.

그는 자신이 만든 현미경으로 세포를 발견한 인물로 유명하다. 그가 사용하던 현미경은 레이우엔훅이 사용하던 것이 아니라 얇은 렌즈를 조합한 것으로 배율이 30배 정도에 지나지 않았다. 이런 현미경의 배율을 올리면 사물이 명확하게 보이지 않았기 때문이다. 그런 이유로 훅은 레이우엔훅의 업적을 높이 평가했고 그 보고서를 협회 기관지에 게재하게 했다.

레이우엔훅의 발견은 처음에는 세상의 주목을 끌었다. 그러나 시간이 지나면서 사람들의 관심이 시들해졌다. “세상이 미생물로 가득하다는 건 알겠는데 그래서요?” 이런 식이었다. 미생물이 어떤 경로로 다양한 질병을 일으키는지, 환경에 어떤 역할을 하는지 알려지지 않은 당시에는 어쩔 수 없는 일이었는지도 모른다.

이렇게 레이우엔훅의 연구와 미생물은 한동안 역사 속에 묻혀 있다가 19세기에 이르러 파스퇴르와 코흐가 등장하면서 다시금 주목받게 되었다.

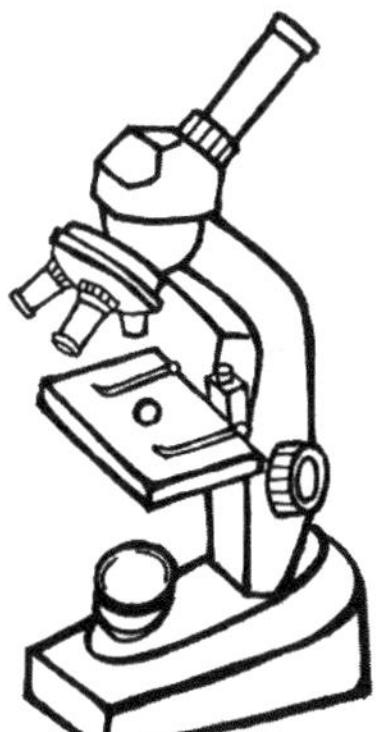

30

세균류란 무엇일까?

인류의 선조로 여겨지는 미생물도 있다

유산균, 대장균 등 이름에 '균'이 붙는 것은 대부분 세균류의 일종이다. 미생물 중에서도 특히 작은 부류로 대장균은 3μm, 폐렴을 일으키는 미코플라스마는 1μm에도 미치지 못한다.

세균류는 원형(구균), 막대형(간균), 나선형(나선균) 등이 있다. 단세포 생물이지만 구균은 수십 주씩 번데기처럼 연속해서 공동생활을 영위하기도 한다.

세균류는 진정세균과 고세균이라는 두 그룹으로 나뉜다. 단순히 세균이라고 하면 보통 진정세균을 의미한다. 반대로 고세균은 온천이나 해저의 열수 분출구, 염호(소금호수) 등 혹독한 환경에 서식하는 세균류를 가리키며, 원시 생명체의 생존물이자 우리의 직접적인 선조로 여겨지는 미생물이다.

진정세균은 초기 단계에서 고세균으로부터 분리되어 독자적으로 진화한 집단이다. 고세균보다는 나중에 등장했지만 현재 지구상의 다양한 환경에 적응해 살고 있다. 고세균에 비해 온화한 환경을 선호하기 때문에 우리 주변에도 자연스럽게 서식하며, 유산균과 대장균도 이에 해당한다. 식물과 유사하게 산소를 생성하는 광합성 작용을 하는 시아노박테리아도 진정세균의 일종이다.

세균류를 구성하는 단순한 구조의 원핵세포

우리 몸의 세포에는 핵막으로 싸인 명료한 핵이 있으며 그 안에 유전자 DNA를 포함한 염색체가 들어 있다. 핵 주위에는 소포체와 미토콘드리아와 같은 여러 개의 막과 섬유, 입자가 들어차 있고 이것을 세포소기관이라고 한다. 그리고 이런 구조를 가진 세포를 '진핵세포'라고 한다.

세균류의 세포는 진핵세포에 비하면 무척 단순하다. 핵막이 없고 DNA가 세포 중심 부분에 덩그러니 자리 잡고 있다. 이런 세포를 '원핵세포'라고 한다. 원핵세포에는 리보솜 등 일부를 제외하고는 세포소기관이 포함되어

세균류의 구조

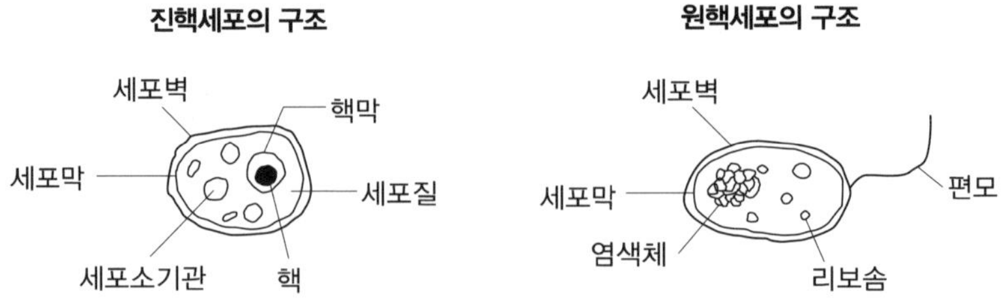

있지 않다. 반면 세포는 튼튼한 세포벽으로 덮여 있고 그들 중 일부는 편모와 섬모가 나 있어서 활발하게 움직인다.

지구상의 모든 곳에서 40억 년 이상 번성하다

현재 세균류는 대기권 밖에서 지각의 깊숙한 곳, 심해에서 생물의 몸속에 이르기까지 지구상의 모든 곳에서 번성하고 있다. 끓는 물이나 얼음처럼 차가운 물에서도 활발하게 증식하고, 방사선에도 견디며 독성물질과 강한 산에서 살 수 있는 종류도 있다. 대부분의 세균류는 죽은 생물을 분해해 영양분으로 삼지만 몇몇은 살아 있는 유기체에 기생한다. 시아노박테리아처럼 어떤 것들은 빛 에너지를 이용해 영양분을 만들고, 어떤 것들은 빛이 없어도 무기물질을 이용해 스스로 영양을 만들어낸다. 하나의 집합체 안에, 이렇게나 다양한 생물이 존재하는 것은 세균류가 유일하다.

이렇게 서식 장소도 생존 방식도 다양한 세균류인데 수적인 면에서도 다른 생물을 압도한다. 예를 들어 어떤 연구자는 인간의 장에 서식하는 세균류는 그 사람의 세포 수보다 10배나 많은 경우도 있다고 발표한 바 있다.

바다와 토양으로 눈을 돌리면 우리 눈에 보이지 않을 뿐이지 엄청난 수의 세균이 살고 있다. 지구상의 최대 세력이라고 해도 과언이 아니다. 게다가 이것들은 생명이 탄생한 지 40억 년이 지난 지금에 이르기까지 크게 모습을 바꾸지 않고 살아남았다. 그동안 그들은 기후변화, 암석과 광물 퇴적물 형성, 생물의 진화에 크게 영향을 주는 등 많은 일을 이루었다.

만약 외계인이 지구를 방문한다면 이 사실을 객관적으로 고려해 '이 별의 지배자는 세균'이라고 결론짓지 않을까?

세포 하나에 생존을 위한 모든 기능을 갖춘 제너럴리스트

우리 인간은 자신을 중심에 놓고 사물을 판단하는 경향이 있다. 그러면 인간과 그 외 포유류는 '고등'생물이고 그 외의 식물이나 균, 특히 세균은 '하등'생물이라고 단정하기 쉽다. 물론 동물원이나 수족관에 가면 포유류의 뛰어난 다양성을 볼 수 있고 신체 구조도 타 생물에 비해 훨씬 복잡하다. 그에 비해 세균은 일단 우리 눈에 보이지 않고 현미경으로 살펴봐도 비슷비슷해 보인다. 그러나 'Less is More(단순한 것이 더 아름답다)'라는 말이 있듯이 단순한 것에는 그 특유의 뛰어남이 존재한다.

우리 다세포생물의 세포는 많이 모여서 분업화하는 방향으로 진화되었다. 하나하나의 세포가 '스페셜리스트'로서 자신의 역할을 수행함으로써 개체 전체가 살아간다. 이것을 해체하면 세포는 그 즉시 죽어버릴 것이다.

세균을 비롯한 단세포생물은 하나의 세포 안에 모든 기능을 집어넣어 '제너럴리스트'가 되는 방식을 선택했다. 단순한 구조지만 단 하나의 작은 세포 안에 생존을 위한 모든 기능이 갖추어져 있다.

생물의 진화에는 어느 쪽이 더 많이 진화했다거나 어느 쪽이 고등생물이고 하등생물인지 판단할 수 없다. 이것은 우리가 사는 방식의 차이일 뿐이며 우리와 같은 지구에 사는 한 사람과 세균, 그 외의 모든 생물은 똑같이 '성공한 존재'다.

31

균류(곰팡이, 효모의 일종)는 무엇일까?

이름은 비슷하지만 속은 전혀 다른 진균과 세균

세균은 다른 말로 미균(黴菌)이라고도 한다. 미균의 미(黴)는 곰팡이, 균(菌)은 균류나 세균을 뜻한다. 이 말에는 더럽고 몸에 나쁘다는 이미지가 있으며 그래서인지 곰팡이 · 균류 · 세균류 등 '곰팡이'와 '균'이 붙은 생물을 한 덩어리로 묶어서 생각하는 경향이 있다. 그러나 곰팡이를 비롯한 균류와 세균류는 전혀 다른 생물이다.

곰팡이 · 버섯 · 효모 등 균류의 일종을 세균류와 대조해 진균이라고 하며, 다음과 같은 차이점이 있다.

진균의 세포

세포 내에 핵이나 세포소기관이 있다. 진균의 세포는 크고 중심에 핵이 있으며 미토콘드리아 또는 소포체를 가지고 있다.

세균류의 세포

세포 내에 핵과 세포소기관이 없다. 세포는 작고 명확한 핵과 세포소기관을 가지고 있지 않다.

이렇게 진균과 세균은 명칭은 비슷하지만 속은 전혀 다른 생물이다. 그렇다면 진균을 왜 곰팡이 · 버섯 · 효모 등으로 나누어 부를까? 이것은 단순히 겉보기로 판단해서 구별하는 것이지 정확한 분류는 아니다. 오히려 생존 방식에 따른 차이로 구별한다고 볼 수도 있다.

한 종류의 균류도 시기에 따라 곰팡이나 버섯처럼 되거나, 효모처럼 되기도 하고, 심지어 아메바처럼 되어서 살기도 한다. 형태와 생존 방식이 다르지만 그 몸의 근원인 세포의 구조는 균류의 모든 그룹에 공통되어 있으며 그 자체는 동물 세포와도 매우 비슷하다.

균사형 진균과 효모형 진균의 특징과 차이점

진균의 형태는 ① 균사형과 ② 효모형으로 나뉜다.

① 균사형의 특징

돋보기로 귤이나 떡에 피는 푸른곰팡이를 자세히 보면 희끄무레한 것 위에 푸른 가루가 묻어 있는 것을 볼 수 있다. 이 하얀색은 실 모양의 세포가 세로로 연이어 생긴 균사체의 집합이다. 푸르스름한 가루는 포자라고 불리는 생식세포다.

같은 생식세포라도 정자와 난자는 2개가 결합해 자손이 생기지만 포자는 단독으로 발아해 새로운 개체를 만들 수 있다.

표고버섯 같은 버섯도 균사형 진균이다. 버섯이 곰팡이의 일종이라고 하면 감이 오지 않을 수도 있지만 버섯을 손으로 뜯어 보면 세로로 깨끗하게 찢어지고 섬유질 같은 것이 보일 것이다. 이것이 균사 다발이다. 버섯도 균사체 모양의 진균이라는 것을 알 수 있다. 버섯 포자는 종종 우산 부분의 안쪽에 있는 주름으로 만들어진다.

② 효모형의 특징

효모형 진균은 균사에 의한 집단을 만들지 않고 단세포생물로 사는 곰팡이다. 포자도 만들지 않으며 분열하거나 세포의 한 부분에 '혹'과 같은 싹이 나와 잘려 나가면서 그것이 자손이 되어 증식한다(이것을 '출아'라고 한다).

무성생식과 유성생식이 있는 균류의 증식 방법

생물이 증식하는 방법으로는 '성(性)의 구조'를 이용하는 유성생식과 이용하지 않는 무성생식이 있다. '성의 구조'는 예를 들어 암컷, 수컷처럼 성별이 분리되고 그들의 세포가 결합해 자손이 생기는 것을 말한다. 수컷의 유전자와 암컷의 유전자가 섞임으로써 자손은 양친의 유전자가 모자이크 상태로 박힌 자신만의 유전자를 갖게 된다.

한편 곰팡이와 버섯은 '포자'로 증식하고 효모는 '분열'이나 '출아'로 증식한다. 이 경우 중간에 이성 간의 유전자가 섞이지 않으므로 자손은 부모와 완전히 같은 유전자를 갖게 된다. 이렇게 해서 생기는 유전자를 가진 자손을 클론이라고 한다. 균류는 기본적으로 무성생식으로 클론을 만들어낸다.

그러나 영원히 같은 방식으로 증식하는 것은 아니다. 무성생식은 수를 늘리는 데는 유리하지만 변화에 약하다. 유전자적으로 다양한 자손을 남기려면 유성생식이 필요하다.

진균의 형태와 증식 방법

균사형	효모형
곰팡이, 버섯의 일종 ↓ 포자로 증식	↓ 출아로 증식

그런 이유로 많은 균류는 무성생식과 유성생식을 병행한다. 예를 들어 버섯의 우산에서 날리는 포자는 영양분이 되는 것에 달라붙으면 발아해 균사를 늘려 클론을 만든다. 여기까지는 무성생식이다. 이 균사가 성장하면서 다른 유전자를 가진 균사와 접하면 그때 결합해 핵을 2개 가지는 상태가 된다. 그리고 그대로 성장하다가 새로운 버섯을 형성한다. 버섯 우산에서 포자가 생길 때 2개의 핵이 결합해 유전자가 혼합되는 것이다. 즉 균사의 합체에서 포자 형성에 이르기까지 유성생식이 이루어지는 것이다.

이렇게 균류는 무성생식과 유성생식을 병행함으로써 다양한 환경에 적응할 수 있었다.

32

바이러스는 무엇일까?

바이러스는 생물계의 최강 미니멀리스트

바이러스는 다른 미생물처럼 감염성을 가진 미생물과 같은 입자다. 미생물 중에서 특히 작은 세균류의 10분의 1에 불과할 만큼 작은데, 예를 들어 인플루엔자바이러스는 100nm에 불과하다.

'미생물과 같은'이라고 했는데 바이러스는 생물인지 아닌지 판단하기 미묘한 존재다. 내부에 유전자가 되는 핵산(DNA 또는 RNA)을 가지고 증식하지만, 다음과 같이 우리가 생물이라고 판단할 때 적용하는 기준에 맞지 않는 특수한 성질을 가지고 있기 때문이다.

① 세포 구조를 가지고 있지 않다.
② 에너지를 소비하지 않는다.
③ 다른 세포에 기생하지 않으면 증식할 수 없다.

④ 조건이 갖춰지면 얼음이나 소금처럼 '결정화'한다.

그렇지만 종종 바이러스의 성질과 구조, 행동을 관찰하면 '생물이 아니라고' 단정 지을 수도 없다. 생물과 마찬가지로 유전자를 분석해 보면 바이러스의 세상에도 여러 친척 관계가 있음을 알 수 있다. 그것은 즉 바이러스가 그저 물질인 것은 아니라는 뜻이다. 이렇게 생각하면 바이러스는 일찍이 생물이었던 것이 유전자를 자손에게 전달할 수 있는 최소한의 시스템만을 남기고 그 외의 것은 모두 제거한 '생물계의 최강 미니멀리스트'로도 보인다. 실은 미생물 연구자들 간에도 바이러스를 생물이라고 생각하는 사람과 생물이 아니라고 생각하는 사람들 간에 논쟁이 계속되고 있다.

속은 단순하고 겉은 복잡한 바이러스의 구조

바이러스의 기본적인 구조는 지극히 단순하다. 하지만 속은 단순해도 외관은 무척 복잡하고 다양하다. 구형이나 원통형인 것, 다면체인 것, 우주선처럼 복잡한 모양을 띠는 것도 있다. 가장 전형적인 바이러스의 외관은 정이십면체다. 정이십면체는 면의 수가 가장 많은 정다면체이며, 어떤 각도에서든 표적세포에 쉽게 부착할 수 있다.

바이러스는 숙주세포를 납치해서 증식한다

바이러스에 감염되는 생물을 숙주라고 한다. 바이러스가 숙주의 몸에 침입해 세포 표면에 흡착하면 그곳에서 감염이 시작된다. 일반적인 바이러스는 숙주세포에 잡아먹힐 수 있도록 하여 세포에 침입한다. 세포 내에서는 캡시드가 세포의 작용으로 먼저 소화되어 핵산이 방출된다.

세포 내에 퍼진 핵산은 숙주세포의 증식 시스템을 통째로 차지한다. 원래는 숙주세포가 자신을 위해 핵산을 복제하거나 필요한 단백질을 합성하는 구조를 성공적으로 활용해 '자손 바이러스'의 성분이 될 핵산과 단백질을 순식간에 대량으로 만들어 조립한다. 많은 바이러스에서 발견되는 약간의 복사 오류가 이 단계에서 발생하는데, 그것이 '변이'가 되어 새로운 형태의 자손 바이러스가 만들어진다. 이윽고 자손 바이러스가 충분히 축적되면 터지듯이 세포막이 찢어져 밖으로 흩어진다.

자손 바이러스가 이런 형태로 기세 좋게 방출되면 숙주세포는 죽어버린다. 반면 세포막을 찢지 않고 조용히 빠져나가는 바이러스도 있다.

감염되었다고 모두 병이 되는 것은 아니다

바이러스에 의한 감염증은 인플루엔자 · 유행성 이하선염 · 풍진 · 홍역 · 일본뇌염 · 에이즈 등 다양하다. 이런 바이러스는 공기와 체액, 토사물, 재채기 등의 비말, 혹은 직접적인 접촉에 의해 감염된다.

바이러스의 종류에 따라 감염 부위가 정해져 있고, 그 외 다른 부분의 세포에는 도달해도 감염되지 못한다.

감염 가능한 세포에 도달할 수 있는지 여부는 전적으로 운에 달려 있다. 감염은 세포막 표면에 있는 단백질과 바이러스 표면의 단백질의 형태가 갖추어져 있어야 한다. 바이러스가 우연히 도달한 세포가 같은 '형태'인 세포일 경우에만 감염이 성립되기 때문이다.

그러나 (바이러스로서는) 운 좋게 감염에 이르렀다 해도 그것이 곧바로 질병으로 이어지지는 않는다. 만약 면역체계가 바이러스의 증식을 늦춘다면 발병하기까지의 잠복기를 연장할 수 있고 그러다가 증식이 완전히 중단될 수 있다. 또 바이러스 증식으로 인해 세포가 죽는 속도에 비해 세포분열로 세포가 생산되는 속도가 더 빠르거나 바이러스에 대항하면 그만큼 발병을 억제할 수 있다.

예를 들어 에이즈를 유발하는 HIV(사람면역결핍바이러스)라는 바이러스는 면역체계의 세포를 감염시킨다.

처음에는 랑게르한스세포에 감염되어 온몸으로 퍼지고 면역체계의 중심인 도움 T세포를 감염시켜 단숨에 증식한다. 일시적으로 바이러스의 수가 정점을 찍으면 몸 상태가 악화되지만 이때는 면역활동으로 바이러스가 사멸해 증상이 완화된다. 그러나 체내에서 바이러스가 완전히 없어진 것은 아니므로 자각 증상이 없는 상태로 HIV와 면역체계의 전투가 계속된다.

몇 년 동안 잠도 못 자고 쉴 새 없이 전쟁을 치르면서 면역체계가 서서히 피폐해져 도움 T세포를 생성하는 힘보다 HIV가 증식하는 힘이 강해진 단계가 되면 형세가 역전되어 에이즈가 발병하는 것이다.

바이러스의 역할이 생물 진화의 실마리?

바이러스 연구의 역사는 100년 정도로 매우 짧다. 연구의 흐름상 병원성 바이러스에 관한 연구가 주류를 이루었으므로 바이러스에는 항상 해로운 이미지가 따라다녔다. 하지만 근래 들어 바이러스 중 상당수는 병원성이 없을 뿐 아니라 생물의 진화에 크게 기여했다는 사실이 서서히 밝혀지고 있다.

HIV가 도움 T세포를 감염시킨 뒤 거기에 자신의 유전자를 주입해 약화시키듯이, 바이러스에는 자신의 유전자를 숙주세포의 유전자에 집어넣는 성질을 가진 것이 있다. 인간의 유전정보를 해석한 결과, 놀랍게도 그중 절반 이상이 바이러스에서 유래했을 가능성이 있다는 것이 알려진 것이다.

추가 연구를 진행하고 있는 지금은 이런 현상이 의외로 보편적으로 보인다는 것을 알게 되었다. 일반적으로 유전자는 부모에게서 자손으로 이어지는데 드물게 관계가 없는 생물 간에도 유전자가 이동하는 일이 있다. 아무래도 거기에 '운반 역할'로 바이러스가 관여했을 가능성이 있다. 만약 향후 이 역할에 대한 전체적인 모습이 밝혀진다면 바이러스에 대한 이미지가 180도 바뀌어 '생물의 진화'에 관한 생각도 크게 전환될 것이다.

33

원생생물(아메바, 조류의 일종)은 무엇일까?

동물도 식물도 균류도 아닌 미생물들

원충, 점균, 원생생물, 해조라고 불리는 미생물들은 모두 아메바나 조류의 일종이다. 짚신벌레나 유글레나, 클로스테리움 등을 비롯해 중학교 때까지 배운 미생물은 대체로 이 무리에 속하며 이것을 통틀어 원생생물이라고 한다. 그 모습은 한 마디로 표현할 수 없을 만큼 다양하며 눈에 보이지 않을 뿐 여러 곳에 자리 잡고 있다. 연못과 늪은 물론 바다, 땅, 심지어 동물의 몸속에도 수많은 원생생물이 살고 있다.

더구나 이 미생물들은 환경 속에서 숨죽여 살고 있기만 하진 않는다. 때로는 세균과 바이러스처럼 우리 몸에 들어가 질병을 유발한다.

정교한 구조를 가진 원생생물의 단일 세포

원생생물 중 상당수는 1개의 세포로 살아가는 단세포생물이다. 다세포생물의 세포와 달리 생존을 위한 모든 역할을 단 1개의 세포로 전부 수행해야 하므로 내부가 상당히 정교하게 이루어져 있다. 일반적으로 동물세포와 식물세포에서는 볼 수 없는 특수한 생김새가 여러 개 갖추어져 있으며 모든 쓰임새가 밝혀진 상태는 아니다.

먹이를 먹는 '입'에 해당하는 세포구, 먹은 뒤 소화하는 '위'에 해당하는 식포, 여분의 물을 '소변'처럼 배설하는 수용포 등은 많은 원생생물에 공통적으로 보이는 구조다. 엽록체를 가지고 광합성을 하는 종류에는 '눈'의 역할을 하는 안점(眼點)이 있다. 많은 원생생물의 안점은 빛의 방향을 감지하는 수준으로 매우 단순하지만 개중에는 '렌즈'와 '망막'에 해당하는 부분까지 갖춘 것도 있다.

시선을 사로잡는 현미경 속 퍼포먼스

인간의 신체적 능력의 정수(精髓)를 모아 놓은 올림픽은 우리의 눈과 귀를 즐겁게 하고, 때로는 큰 감동을 안겨준다. 그런데 원생생물의 진수도 그 '움직임'에 있다.

아메바 종류는 슬라임처럼 탄력 있고 몸의 모양을 자유롭게 바꿀 수 있다. 마치 손발처럼 돌기(가족)를 뻗어 여기저기에 부착시키고 몸 전체를 그 방향으로 끌어당기듯이 이동한다.

짚신벌레는 세포 표면이 무수한 털(섬모)로 덮여 있다. 포유류의 체모와 달리 이 털은 자유롭게 움직일 수 있다. 짚신벌레는 이 무수한 털 하나하나를 연동해 펄럭이며 자유자재로 물속을 헤엄친다.

유글레나는 1개 또는 여러 개의 긴 뿔을 가지고 있는데 이것을 채찍처럼 구부려 보트의 노처럼 헤엄치게 할 수 있다. 또 세포 전체가 근육질로 덮여 있어 꿈틀거리며 춤추듯 움직일 수 있다.

정교하게 움직이는 원생생물들

원생동물

아메바

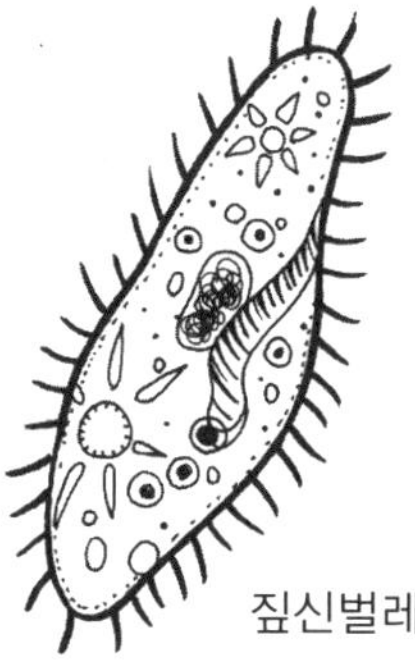

짚신벌레

해조류

클로스테리움

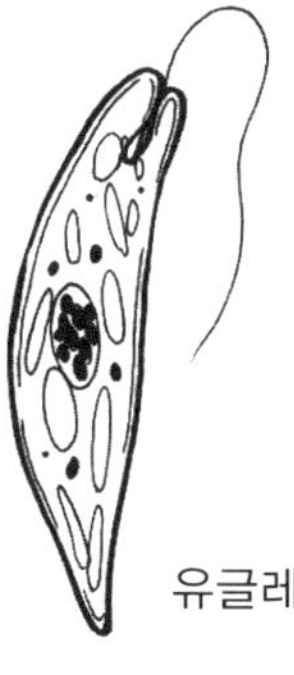

유글레나

클로스테리움의 일종 중에는 점액이나 곤충을 잡는 끈끈이 같은 것을 몸에서 분비해 그것을 외부에 붙이고 잡아당김으로써 이동하는 것도 있다.

만약 여러분이 현미경으로 원생생물을 관찰한다면 원생동물의 정교한 움직임에 매료되어 강한 호기심이 솟아날 것이다.

건강보조식품으로 활용되고 있는 식용 가능한 원생생물들

원생생물은 다양한 개성을 가지고 있다. 대략적으로 보자면 아메바나 짚신벌레와 같이 먹이를 먹어서 사는 '원생동물'과 유글레나, 클로스테리움처럼 광합성을 해 살아가는 '해조류'로 구분할 수 있다. 이 중 인간의 식재료로 친숙한 존재가 해조류다.

해조류 중 클로렐라와 유글레나 등이 건강식품으로 이용된다. 이런 단세포 해조류에는 녹황색 해초와 같이 비타민, 미네랄이 함유되어 있어서 건강보조식품으로 활용된다.

그러나 이런 식품이 나오기 훨씬 전부터 우리는 해조류를 식품으로 이용해 왔다. 그것이 해초다. 다시마, 미역, 파래, 톳 등 특히 우리 식탁에 빠지지 않고 올라오는 이 생물들은 다세포 중 조류에 속하며 원생생물의 일종이다.

34

생태계에서 미생물의 역할

미생물은 생태계의 중요한 구성원

지구상에 생명이 탄생한 것은 약 40억 년 전으로 추정된다. 분명 하나의 세포로 매우 단순한 구조를 가진 단세포생물이었을 것이다. 30억여 년 전에는 광합성을 하기 위해 햇빛을 이용하는 시아노박테리아가 바다에서 번성했고 이산화탄소와 물로부터 유기물을 만들어내고 산소를 배출했다.

그렇게 해서 단세포생물로 살아가며 30억 년 후, 여러 개의 세포로 구성된 다세포생물이 탄생했다. 지금으로부터 약 10억 년 전이다. 그 후 다양한 생물이 바다에 살게 되었다. 약 4억 5,000만 년 전에는 식물이 육지로 옮겨갔고 그 뒤를 동물이 따랐다. 그것들은 바닷속과 육지에서 모두 진화했고 다양한 종류의 미생물로 증식했다. 그 뒤 다음과 같이 세 가지 생물로 구성된 생태계가 구축되었다.

- 광합성에 의해 무기물로부터 유기물을 만드는 생산자(= 식물)
- 포식으로 생존하는 소비자(= 동물)
- 생물의 사체나 배출물에 포함된 유기물을 분해해 무기물로 만드는 분해자(= 미생물)

모든 생명체는 결국 흙으로 돌아간다

사람을 비롯한 동물뿐 아니라 식물, 미생물 등 모든 생명체는 언젠가 죽는다. 만약 사체가 시간이 지나도 온전히 보존된다면 지구에는 생물의 사체가 넘쳐날 것이다. 그렇게 되지 않는 것은 미생물이 분해자로서 사체를 무기물 수준으로 분해해 흙과 공기로 되돌려 보내기 때문이다.

그렇다면 미생물들은 어떻게, 그리고 무엇을 위해 생물을 흙으로 돌려보내는 것일까?

생각보다 복잡한 흙의 구조와 성분

흙은 우리 주변에서 얼마든지 볼 수 있는 존재지만 그것이 무엇인지 정확히 설명하는 것은 생각보다 쉽지 않다. 바위가 깨져서 생긴 자갈이나 모래에 점토와 유기물이 섞이고 다양한 토양생물이 달라붙은 것이 흙이다. 그러나 그 성분과 구조는 장소에 따라 크게 다르기 때문에 단순히 '이것이 흙이다'라고 지칭하기는 힘들다.

숲에 있는 흙에 주목하면 그것은 몇 가지 계층으로 나뉜다. 가장 위는 나무에서 떨어진 잎과 가지, 낙엽, 동물의 배설물과 사체가 뒤덮고 있다. 그 아래에는 그것들이 자잘하게 부서진 유기물층이 있으며, 다음으로 암반이 깨져서 생긴 모래나 자갈층이 있다.

더 깊숙이 파고들면 모암이라는 암석층이 있으며 그보다 아래는 흙에 포함시키지 않는다. 미생물들이 활동하는 것은 주로 위에서 두 번째인 유기물층이며 이것을 부식층이라고 한다.

숲의 청소부, 부식층으로서 미생물의 작용

시든 식물, 동물의 배설물과 사체는 먼저 집게벌레, 딱정벌레, 지렁이 등 큰 토양동물이 자르고 나머지는 더 작은 날벌레나 진드기가 산산조각 낸다. 특히 지렁이는 중요한 역할을 한다. 그것들은 지렁이의 몸속에서 더욱 잘게 으깨져 현미경으로 관찰해야 할 정도의 크기로 줄어든다. 지렁이와 다른 토양동물의 배설물은 영양가 있는 반죽 상태로 미생물들에게 주어진다.

입과 턱이 없는 미생물들은 작은 몸 밖에 소화액을 배출해 동식물의 '최종 모습'을 화학적으로 분해해 세포 내로 집어넣는다. 그렇지만 모든 미생물이 같은 식으로 행동하는 것은 아니다. 예를 들어 어떤 균류는 시든 나무만 먹으며 단단한 목질을 천천히 해체한다. 세균은 그것을 분자 수준으로 분해한다.

만약 인간이 그런 일을 한다면 대단히 힘들어질 것이다. 미생물들은 그 일을 적재적소에 능숙하게 분업화해 숲의 청소 작업이라는 대형 프로젝트를 수행한다.

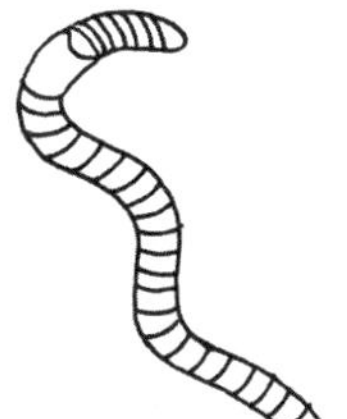

자신을 위해 하는 일이 타인을 위한 일이기도 하다

미생물은 숲의 쓰레기를 청소한다. 그들은 그것을 살기 위한 영양분으로 사용하기 때문이다. 미생물은 유기물을 이산화탄소와 물로 분해하고 그 과정에서 살아갈 에너지를 얻는다. 이 자체는 우리가 세포 수준에서 호흡하는 것과 같은 반응이다. 하지만 그들이 하는 일은 단순한 청소가 아니다. 그 결과로 생긴 부산물이 동식물의 생육에 필수적인 영양소가 되기 때문이다.

부식층의 유기물에는 동식물이 생존하는 데 필수적인 질소, 칼륨, 인과 같은 성분이 들어 있다. 그러나 동식물은 '지렁이 배설물'의 형태로는 이 성분들을 잘 활용할 수 없다. 미생물이 배설물을 더 작은 무기물로 분해해서 흙으로 돌려보내야만 흡수할 수 있다.

성분을 이용하기까지의 구조

배설물을 분해해 생긴 유기물이 토양의 물에 스며든다.
→ 그 물을 식물이 뿌리로 흡수한 뒤 물에 포함된 무기물을 이용해 자신의 몸의 유기물을 만든다.
→ 그 식물을 초식동물이 먹고 자신의 몸을 성장시킨다.
→ 그 초식동물을 육식동물이 먹고, 더욱 큰 대형 육식동물이 그 육식동물을 먹는다.……

이런 식으로 먹이사슬이 연결되는 방식이다. 또한 무기물을 저장하는 미생물의 몸 자체가 동물의 먹이가 될 수도 있다.

이렇게 성장한 동식물의 몸도 결국은 사체나 배출물이 되고 토양동물과 미생물에게 주어진다. 그러므로 전체적으로 보면 여기서 큰 순환이 일어난다. 즉 미생물들은 단순한 청소부가 아니라 재활용 사업도 하는 셈이다.

35

생물의 자연발생설을 부정하다

생물의 자연발생설 - 부모가 없어도 태어난다?

레이우엔훅이 현미경으로 미생물의 존재를 발견하고 그것이 세상에 알려지자 과학자들은 미생물이 어떻게 발생하는지 논쟁을 하게 되었다.

그때까지 미생물이나 바닷속 생물 등이 어떻게 태어나는지는 밝혀지지 않았다. 고대 그리스의 철학자 아리스토텔레스(기원전 4세기)의 '장어나 새우 등은 해저의 흙바닥에서 자연적으로 태어난다'는 설을 신봉했다. 이런 자연발생설은 일본에서도 '장구벌레가 끓는다' '구더기가 끓는다'는 표현에서 나타난다. '끓다'라는 말에는 '벌레 등이 자연적으로 발생한다'는 의미가 담겨 있다. 육안으로는 보이지 않는 미생물에서는 더욱 그럴 것이다.

1745년 영국의 생물학자 존 니드햄(John Needham)은 미생물의 자연발생을 실험으로 입증했다. 양의 육즙을 유리병에 넣고 코르크 마개를 씌워 달궈진 재에 넣고 가열했다. 며칠 후 육즙을 살펴보니 거기에 미생물이 발생해 있었다. 그는 '미생물은 자연발생한다'고 주장했다.

그로부터 20년 후, 이탈리아의 생물학자 라차로 스팔란차니(Lazzaro Spallanzani)는 같은 실험을 하고 정반대의 결론을 내렸다. 그는 약 1시간 정도 가열했다. 그리고 니드햄의 실험에서 미생물이 발생한 것은 가열이 불충분했거나 코르크 마개가 불완전했기 때문이라고 주장했다. 그러자 니드햄은 스팔란차니의 실험은 가열 시간이 너무 길어 병 속 공기가 변질되거나 육즙의 생명력이 상실돼 미생물이 발생하지 않았던 것이라고 반박했다.

게다가 1859년 프랑스의 고명한 과학자였던 펠릭스 푸셰(Félix Pouchet)는 미생물의 자연발생을 증명했다는 연구 내용을 발표했다. 이 논쟁을 매듭짓기 위해 프랑스 과학 아카데미는 '면밀한 실험을 통해 자연발생 문제를 해결하려고 시도하라'는 상금을 건 문제를 냈다.

이 문제를 붙들고 연구한 인물이 당시 발표 연구를 하던 루이 파스퇴르였다. 1861년 파스퇴르는 '자연발생설 검토'라는 제목의 자연발생설을 부정하는 논문을 제출했다.

자연발생설에서는 공기만 있으면 생물이 자연발생한다는 생각이므로 신선한 공기가 있어도(공기가 출입해도) 자연발생하지 않는다는 것을 증명할 필요가 있었다.

그는 길고 가늘게 S자로 구부러진 백조목 플라스크를 사용했다. 육즙을 플라스크에 반쯤 채우고 가열했더니 육즙이 살균되고 플라스크 안의 공기는 수증기로 빠져나갔다. 길게 뻗은 목 부분의 닫히지 않은 입구는 수증기가 빠져나갈 때까지 충분히 가열했다.

그 뒤 플라스크를 식히자 수증기가 증발한 만큼 신선한 공기가 플라스크를 타고 육즙의 표면에 도달했다. 공기 중의 미생물을 포함한 미립자는

S자형 관의 중도에 떨어져 플라스크 내부로 들어갈 수 없었다. 그래서 육즙은 몇 달간 부패하지 않았다. 그러나 플라스크의 S자 유리관을 제거했더니 미생물은 쉽게 내부로 들어와 육즙을 상하게 했다.

나중에 푸셰의 실험에서 발생한 미생물은 열에 강한 포자가 원인이었다는 것도 밝혀졌다. 포자는 일부 세균이 증식하기에 부적합한 환경이 되었을 때 형성되는 내구성이 있고 특수한 세포 구조로 되어 있다. 열과 약제, 건조함에 강한 저항력을 보이며 오랫동안 휴면 상태를 유지할 수 있다. 그러다가 증식에 적합한 환경이 되면 발아해 원래의 몸으로 돌아간다.

이처럼 자연발생설을 부정함으로써 식품 부패와 질병의 원인에 대해 더 깊이 이해할 수 있게 되었다.

36

인간은 과거 단세포생물이었다?

지구 최초의 생물은 어떻게 생겨났을까?

자연발생설이 부정되자 '그렇다면 최초의 생물은 어떻게 생겨났을까?'라는 것이 중요한 문제로 떠올랐다. 이 문제에 1920년대 구소련의 생화학자 알렉산드르 오파린(Aleksandr Oparin)이 중요한 가설을 세웠다.

그는 원시 지구에서 바다는 유기물들이 뒤섞여 있는 '원시 수프' 상태였으며 유기물은 수프에서 반응하면서 서서히 복잡한 구조로 변했고, 다른 유기물과 상호작용하는 조직으로 진화해 생명이 되었다고 주장했다. 생명의 기원인 '화학진화설'이다.

1953년 미국의 스탠리 밀러(Stanley Miller)는 원시 대기가 메탄, 암모니아, 수소, 수증기 등으로 채워져 있다고 생각했다. 그는 이 성분을 산소가 없는 유리 용기에 넣고 고전압 방전을 했다. 그 결과, 아미노산과 같은 유기물을 생성하는 데 성공했고 원시 대기에서 생명을 형성하는 유기물이 생길 가능성을 입증했다.

그런데 그 후 연구가 진행되면서 원시 대기는 이산화탄소, 수증기, 질소 등으로 이루어져 밀러가 상정한 원시 대기가 아니라는 것을 알게 되었다. 이산화탄소, 수증기, 질소에는 고전압 방전을 해도 아미노산이 생기지 않았다. 그러나 가하는 에너지가 우주선이라면 아미노산이 생길 가능성이 있다는 연구가 있다. 그 밖에도 운석에서 생명활동에 필수적인 당이 발견된 것을 보고 생명체의 성분은 외계에서 왔다는 가설도 있다.

하지만 단백질이나 핵산(DNA 또는 RNA) 성분이 형성되더라도, 그것이 어떻게 생명체가 되었는지는 여전히 미스터리로 남아 있으며 과학자들은 그 주제를 탐구하고 있다.

38억 년 전 광물에서
생물의 흔적이 발견되다

그린란드의 '이수아'라는 지역에는 지금으로부터 38억 년 전에 형성된 암석이 대규모로 노출되어 있다. 이곳에서 생물의 흔적을 보여 주는 화학적 증거가 발견되었다.

또한 호주 서부에서는 생물의 모습이 남아 있는 약 35억 년 전의 화석이 발견되기도 했다. 현미경으로만 볼 수 있는 작은 세균의 일종으로 보이는 미세 화석이지만 현재 가장 오래되고 믿을 수 있는 화석으로 여겨진다.

따라서 지구상에 생물이 등장한 것은 그것들이 발견되기 이전인 약 40억 년 전이라고 추정된다. 46억 년 전에 태양계의 행성으로 지구가 탄생한 지 약 6억 년 후의 일이다.

우리 세포에 있는 미토콘드리아의 조상은 무엇일까?

지구상의 첫 번째 생물(전체 생물의 공통 조상)로부터 약 30억 년 동안은 단세포생물로서 바다에서 살았다. 최초의 생물은 원핵생물이었으며 원시 지구의 내부에서 나온 수소나 황화수소를 이용해 에너지를 얻었을 것으로 추정된다.

원핵생물은 결국 두 그룹으로 갈라졌다. 그중 하나가 우리 주변에서 맹활약하고 있는 세균(진정세균)이다.

다른 하나는 열수 분출구 안에 있는 호열균, 깊은 바다 밑바닥이나 땅속에서 메탄가스를 내뿜는 메탄세균 등 우리가 보기에는 특수한 환경에 살고 있는 고세균이다. 이 세균이야말로 우리 인류의 조상이다. 인간을 포함한 동식물의 세포에는 미토콘드리아가 세포소기관으로 존재한다. 미토콘드리아에서 산소를 이용해 유기물을 분해하고 생명활동에 필요한 에너지를 추출하는 산소 호흡을 한다. 또한 미토콘드리아 특유의 DNA를 가지고 있다.

미토콘드리아는 본래 독립된 미생물이었다는 설이 유력하다. 미토콘드리아는 원래 산소 호흡을 하는 독자적인 DNA를 가지고 독립적으로 살았던 세균이었다. 그러다가 고세균에서 진화된 진핵생물(단세포생물) 내부에 주입되어 세포 내에서 공생하며 미토콘드리아가 되었다는 설이다.

이렇게 독립적으로 생활하던 원시 세균류가 다른 세포에 흡수되어 공생함으로써 미토콘드리아가 생겼다는 생각을 세포 내 공생설이라고 한다. 식물의 잎에 있는 세포 내의 엽록체도 동일하다고 여겨진다.

이런 식으로 진핵세포는 단세포생물에서 더 복잡한 다세포생물로 가는 길을 열면서 변화했다.

37

세균과 바이러스를 조사하는 뛰어난 기술 - PCR법

극한환경 미생물이 가져온 놀라운 기술

신종 코로나바이러스 감염병에 관한 일련의 보도를 보면 PCR이라는 검사 방법이 자주 등장한다. PCR은 이번과 같은 바이러스 감염 여부를 검사하거나 DNA형 감정(유전자 감정)에 사용하는 기술이다.

PCR은 중합효소 연쇄반응(polymerase chain reaction)의 약자이며 polymerase는 DNA 합성효소, chain reaction은 연쇄반응을 의미한다. 1983년에 발명되어 그 후 시간이 지난 뒤에 완성된 비교적 새로운 방법이지만 이제는 의료 현장과 생물학 연구에 필수적인 기술이 되었다. 이 기술을 쓰면 유전자가 되는 핵산(DNA · RNA)을 무한히 늘릴 수 있어 아주 적은 샘플로도 유전정보를 읽어낼 수 있다.

이처럼 대단히 뛰어난 기술이지만 원리는 무척 단순하다. 늘리고 싶은

DNA가 있는 샘플과 DNA의 재료가 되는 물질, 그리고 DNA 합성효소를 혼합한 혼합액을 100℃ 정도로 데워서 60℃까지 식히고 다시 70℃까지 데운다. 이것이 전부다. 불과 몇 분 만에 끝나는 작업이며 하나의 DNA가 2개가 된다. 이 작업을 여러 번 반복하면 2개가 4개, 4개가 8개, 이렇게 배로 늘어난다. 자동으로 온도를 조절하는 장비를 사용하면 더욱 쉽고, 1시간 정도면 DNA를 10억 배로 늘릴 수 있다.

그러나 이 방법에는 근본적인 문제가 있다. DNA 합성효소는 단백질로 형성되므로 100℃ 가까이 데우면 파괴되는 것이다. 삶은 달걀이 날달걀로는 다시 돌아가지 않는 것과 같이 한 번 가열로 인해 파괴된 단백질은 본래의 형태로 돌아가지 않는다. 그러므로 한 번 작업을 끝낼 때마다 DNA 합성효소를 추가해야 한다. 즉 '연쇄반응'이 아니라는 점이다.

그 문제를 해결한 것이 극한환경 미생물(extremophile)이다.

'고온의 환경을 선호하는 미생물에는 열에 강한 DNA 합성효소가 있을 것이다.' PCR 기법을 개발한 미국의 생화학자 캐리 멀리스(Kary Mullis)는 그렇게 생각했다. 이미 미국 옐로스톤 국립공원의 온천에서 고열을 선호하는 세균을 발견한 상태였다. 멀리스는 이 세균에 주목해 DNA 합성효소를 추출해 실험했다.

결과는 대성공이었다. 방법 자체가 너무 단순해서 발명했을 당시에는 그다지 호응이 없었지만 얼마 지나지 않아 그 기술의 우수성을 인정받을 수 있었다. 이것은 생물학 연구에 '혁명'을 일으켰다. 멀리스는 그 공로를 인정받아 1993년 노벨 화학상을 수상했다.

코로나19로 유명세를 탄 PCR 기법에 의한 감염병 검사

오늘날은 감염병 검사에도 PCR 기법이 이용된다. 2019년부터 세계 각지에서 기승을 부린 신종 코로나바이러스 검사를 할 때 PCR 기법을 응용한 실시간 RT-PCR이라는 방법이 쓰인다.

바이러스에는 DNA 유전자를 가진 것과 RNA를 가진 것이 있다고 앞에서도 설명했다. 코로나바이러스는 RNA를 가진 바이러스이므로 일반적인 PCR 기법으로는 유전자를 증식할 수 없다. 그러므로 RNA 유전자 정보를 일단 DNA에 복사해야 한다. 이것을 역전사 반응(RT)이라고 한다.

또 '실시간'이라는 것은 글자 그대로 유전자를 늘리면서 동시에 그 정보를 읽어 나가는 것이다. 환자에게서 채취한 검체에 병원체 유전정보가 있는지 유전자를 증식하면서 해석하는 것이다.

이런 방법을 의사의 진단과 병행해 실시함으로써 그 감염병이 어떤 병원체에서 유발되었는지 원활하고 정확하게 알 수 있다.

PCR이 이끄는 미생물 연구의 새로운 단계

미생물을 조사하기 위해 면봉으로 채취한 미생물을 페트리 접시에 깔아 놓은 한천 배지에 묻혀서 배양하고 거기에서 퍼진 콜로니의 모습을 관찰한다. 이것은 로베르트 코흐가 고안한 '순수 배양'이라는 방법이며 여기에서 미생물 연구 역사가 막을 열었다.

그러나 이 방법으로는 면봉으로 채취한 미생물 가운데 배지에서 잘 자란 극히 일부 종류의 특성과 행동만 조사할 수 있다. 채취한 미생물이 모두 잘 배양되는 것은 아니며, 우리 주변 토양에 있는 미생물도 100마리 중 1마리가 자랄까 말까라고 한다. 물론 미생물이 어떻게 서로 관계를 맺고 자연환경에서 복잡한 세상을 만드는지에 대한 전체적인 그림을 파악할 수도 없다.

1990년대에 들어서자 PCR 기법의 원리를 응용해 미생물을 해석하는 신기술이 고안되었다. 예를 들어 강이나 호수에 용해되어 사는 DNA를 해석해 해당 수역에 어떤 생물이 어떤 비율로 살고 있는가, 이런 것까지 알 수 있게 된 것이다. 이처럼 복잡한 분석을 대량으로 신속하게 처리하는 기술을 차세대 염기서열 분석(next generation sequencing)이라고 한다.

이 기술을 이용해 세상에는 상상 이상으로 많은 미생물이 존재한다는 것을 알게 되었다. 20여 년 전에는 대략 10조 개로 추정했던 사람의 체내 세균 수도 지금은 100조 개 이상으로 수정되었다. 사람의 체세포는 37조 개로 알려져 있는데 실은 그보다 훨씬 많은 숫자다.

그럼에도 우리는 미생물이 만들어내는 세상의 한 단면을 이해하기 시작했을 뿐이다. 전체적인 모습을 이해하려면 아직 기나긴 시간이 필요할 것이다. 균류, 원생생물, 세균류, 그리고 바이러스. 미생물을 둘러싼 연구는 이제 막 새로운 단계에 접어들었다.

참고문헌

- 사마키 다케오 편저 『도해 주변에 넘치는 미생물을 3시간에 배우는 책』(아스카출판사)
- 사마키 다케오 저 『똥의 똥 대변 · 방귀 · 장내 세균 이야기(ウンチのうんちく 大便 · おなら · 腸内細菌のはなし)』(PHP연구소)
- 사마키 다케오 저 『물의 상식 거짓말 포인트 77(水の常識　ウソホント77)』(헤이본샤)
- 미나미시마 요이치, 요시다 신이치, 나가부치 마사노리 공저 『계통간호학 강좌 전문 기초 분야 미생물학 – 질병의 생성과 회복의 촉진(系統看護学講座　専門基礎分野　微生物学 – 疾病のなりたちと回復の促進)』(의학서원)
- 버나드 딕슨 저 『케네디를 대통령으로 만든 미생물 – 미생물에 얽힌 75가지 이야기』(슈플링거 페어락 도쿄)
- 미야지 마코토 저 『인간에 서식하는 곰팡이 이야기(人に棲みつくカビの話)』(소시샤)
- 가토 시게타카 저 『속 · 인류와 감염병의 역사 – 새로운 공포에 대비하다(続 · 人類と感染症の歴史 – 新たな恐怖に備える)』(마루젠출판)
- 소니아 샤 저 『인류 50만 년의 투쟁 말라리아 전사(The Fever)』(오타출판)

- 앤 맥클랙 저 『동맹국과 적국 - 세계는 어떻게 박테리아에 의존하는가(Allies and Enemies - How the World Depends on Bacteria)』(하쿠요샤)
- 오카다 하루에 저 『무서워서 잠을 못 이루는 감염병(怖くて眠れなくなる感染症)』(PHP연구소)
- 타케다 요시후미 저 『감염병 반세기(感染症半世紀)』(아이컴)
- 구리하라 겐조 저 『감칠맛이란 무엇일까(うま味って何だろう)』(이와나미 서점)
- 아오키 고 저 『인체 상재균 이야기 - 미인은 균으로 만들어진다(人体常在菌のはなし - 美人は菌でつくられる)』(슈에이샤)
- 에드 용 저 『내 속엔 미생물이 너무도 많아(I Contain Multitudes)』(어크로스)
- 헬시스트 편집부 편 『유산균, 우주로 가다(乳酸菌、宇宙へ行く)』(문예춘추)
- 롭 드살레, 수전 L. 퍼킨스 저, 패트리시아 J. 윈 그림 『미생물군 유전체는 내 몸을 어떻게 바꾸는가(Welcome to the Microbiome)』(갈매나무)
- 나카야마 시게루 저 『노구치 히데요』(아사히 선서)
- 고이즈미 다케오 저 『발효 마이크로 거인들의 신비(発酵 ミクロの巨人たちの神秘)』(중공신서)
- 하시모토 히데오 저 『이것만은 알아두고 싶은 식중독 · 감염병의 기초지식(これだけは知っておきたい食中毒 · 感染症の基礎知識)』(중앙법규출판)
- 일본 국립감염증연구소 홈페이지(https://www.niid.go.jp/niid/ja)

지은이

사마키 다케오

이과 교육자이자 과학을 알리는 작가다. 과학을 좋아하는 사람들을 위한 잡지 <이과 탐험(RikaTan)>의 편집장을 맡고 있다. 도쿄대학 교육학부 부속 중·고등학교 교사, 교토공예섬유대학, 도시샤여자대학, 호세이대학 교직과정센터 교수를 거쳐 현재는 도쿄대학 강사를 맡고 있다. 저서로 『도해 주변에 넘치는 미생물을 3시간에 배우는 책』, 『생활 속에 스며든 가짜 과학』, 『학교에 스며든 가짜 과학』, 『재밌어서 잠들고 싶지 않은 인류 진화』 등이 있다.

사마키 에미코

과학 분야 작가이자 (주)SAMA기획의 대표. 지바현의 공립 고등학교에서 34년간 학생들을 가르친 과학 교사다. 그 후 간호전문학교에서 2년간 강사를 맡았다. <이과 탐험>을 집필했다. 공저로 『인간 유전 상식사전 100』, 『새로운 고등학교 생물 교과서』, 『어른이 배우는 중학 생물』 등이 있다.

데루키 마쓰모토

가메다의료대학 준교수. 보건의료 교육기관에서 정보과학, 생물학, 환경과학을 가르치고 있다. <이과 탐험> 편집위원이다. 공저로 『Windows상에 이상 없습니다』, 『도해 가까이 넘치는 「과학」을 3시간에 알 수 있는 책』, 『도해 주변에 넘치는 미생물을 3시간에 배우는 책』 등이 있다.

무라야마 히데노부

홋카이도대학교 CoSTEP(과학기술 커뮤니케이터 육성 프로그램) 11기 수료, 과학기술 커뮤니케이터. 독일 토인가쿠엔, 삿포로 소세이고등학교를 거쳐 2020년 4월부터 삿포로 니혼대학 중·고등학교에서 교편을 잡고 있다. 공저로 『중학교 3년분의 생물·지학이 재미있을 정도로 풀 수 있는 65가지 규칙』, 『말하고 싶어진다! 써먹을 수 있는 생물』, 『저 원소는 어떤 도움이 될까?』 등이 있다.

옮긴이

오시연

동국대학교 회계학과를 졸업했으며 일본 외국어전문학교 일한통역과를 수료했다. 번역 에이전시 엔터스코리아에서 출판기획 및 일본어 전문 번역가로 활동하고 있다. 주요 역서로는 『바이오 사이언스 2025』, 『조용한 공포로 다가온 바이러스』, 『원소주기』 등이 있다.

감수

여상인

서울대학교 사범대학 과학교육과(화학)를 졸업하고, 동대학교 대학원에서 과학(화학) 교육학 석사와 박사 학위를 받았다.

현재 경인교육대학교 교수, 동대학 영재교육연구원 원장, 아주대 과학영재교육원 초등과학영재 책임교수로 있으면서 예비교사와 과학영재를 가르치고, 과학교육과 영재교육에 관한 연구활동을 하고 있다.

저서로는 『컴퓨터를 활용한 과학실험』, 『생활 속의 화학 탐구』 등이 있다.

세상을 놀라게 한
미생물과 감염병 이야기

초판 1쇄 발행 | 2022년 4월 15일
초판 2쇄 발행 | 2023년 9월 10일

지은이 | 사마키 다케오 · 사마키 에미코 ·
데루키 마쓰모토 · 무라야마 히데노부
옮긴이 | 오시연
감 수 | 여상인
펴낸이 | 조승식
펴낸곳 | 도서출판 북스힐

등록 | 1998년 7월 28일 제 22-457호
주소 | 01043 서울시 강북구 한천로 153길 17
전화 | 02 - 994 - 0071
팩스 | 02 - 994 - 0073
홈페이지 | www.bookshill.com
이메일 | bookshill@bookshill.com

ISBN 979-11-5971-426-9
값 15,000원